无线网络数智化运维转型关键技术研究

◆ 荀浩淞　著

四川科学技术出版社
· 成都 ·

图书在版编目（CIP）数据

无线网络数智化运维转型关键技术研究 / 苟浩淞著
. -- 成都 : 四川科学技术出版社, 2024.8
ISBN 978-7-5727-1330-9

Ⅰ. ①无… Ⅱ. ①苟… Ⅲ. ①无线网－运营管理－数字化－研究 Ⅳ. ①TN92

中国国家版本馆 CIP 数据核字（2024）第 085360 号

无线网络数智化运维转型关键技术研究

WUXIAN WANGLUO SHUZHIHUA YUNWEI ZHUANXING GUANJIAN JISHU YANJIU

著　　者　苟浩淞
出 品 人　程佳月
责任编辑　王双叶
封面设计　四川众亦知文化传播有限公司
责任出版　欧晓春
出版发行　四川科学技术出版社
　　成都市锦江区三色路238号　邮政编码　610023
　　官方微博　http://weibo.com/sckjcbs
　　官方微信公众号　sckjcbs
　　传真　028-86361756
成品尺寸　185mm×260mm
印　　张　13.5
字　　数　275千
印　　刷　成都市兴雅致印务有限责任公司
版　　次　2024年8月第1版
印　　次　2024年8月第1次印刷
定　　价　68.00元
ISBN 978-7-5727-1330-9
邮　　购：成都市锦江区三色路238号新华之星A座25层　邮政编码：610023
电　　话：028-86361770

目录 CONTENTS

5 无线网络数智化运维的未来展望与发展方向

1 无线网络数智化运维转型的背景和意义

1.1 无线网络数智化运维转型的背景

1.1.1 国家“十四五”规划——为信息通信行业赋予了全新的使命

2020 年 11 月，国家发布的“十四五”规划，为信息通信行业赋予了全新的使命。一方面，我们需要加快“新型基础设施建设”，推进 5G 规模化部署、升级千兆光网、全面推进 IPv6 商用部署；另一方面，我们还需要加快建设“数字中国”，并加强人工智能、量子通信等关键数字技术的创新应用。此外，我们还需要推进“智慧社会”建设，充分利用物联网、互联网、云计算、大数据、人工智能等新一代信息技术，以信息化的方式提高全社会基本公共服务的覆盖面和均等化水平，构建立体化、全方位、广覆盖的社会信息服务体系。

为了更好地履行使命并推动信息通信行业高质量发展，我们需要积极推进新一轮科技革命和产业变革。作为网络技术和数字技术的交汇节点，自智网络能够同时承接网络强国、数字中国和智慧社会战略的落地，已经成为众多运营商推进网络数字化转型的重要选择。自智网络也成了 5G、大数据中心、工业互联网等新型基础设施建设数字化、自动化、智能化转型升级的重要方向。

未来，我们将会迎来更多的机遇和挑战。自智网络将继续发挥其重要作用，促进数字化、自动化、智能化转型升级，助力我国经济社会高质量发展。

1.1.2 数字化经济——拓展行业新空间

在世界互联网大会乌镇峰会的致贺信中，习近平主席指出，数字技术正以新理念、新业态、新模式全面融入人类经济、政治、文化、社会、生态文明建设各领域和全过程，给人类生产生活带来广泛而深刻的影响。数字化、智能化水平在公共服务、社会治理、企业生产经营等领域不断提高，同时不断增长的数字化生产、生活和社会公共治理等新需求也在不断涌现。根据有关报道预测，到 2025 年，数字技术将在市场空间、连接规模和新技术应用等方面继续迅猛发展，为信息通信行业带来更广阔的发展前景。

随着我国5G网络建设实现累计1.2万亿元的投资额[①]，数字经济正在不断拓展新的发展空间，为千行百业带来新的机遇。这种趋势正加速整个社会的变革，使经济、政治、文化、社会和生态文明建设的各个领域都受到深刻的影响。

新技术应用方面，到2025年，85%的政府机构和企业将把生产和经营管理系统部署在公有云上。此外，50%的云数据中心将部署具有人工智能和机器学习功能的先进机器人。这将大大提高运营效率，同时为运营商带来全新的市场机遇。与此同时，千行百业的数字化转型将持续深化，这将对运营商的云网业务和服务能力提出全新的需求。

让客户体验更极致。提供云网融合业务的一体化供给和保障、专属化的网络/切片或云服务、全方位的安全保障以及确定性的端到端SLA（服务级别协议）保障。

敏捷业务开通。面向未来，通信网络将从连接百亿人发展为连接千亿物，将从通信网演进为生产网。政府和企业客户对业务开通的敏捷性和网络的可靠性将提出更高需求，主要体现在：实时在线、一站式按需灵活订购，例如一点入云、一点入多云；异构终端免配置集成，业务分钟级/秒级开通；网络高可靠性、业务不中断，例如工业互联网需要99.999%的可靠性。

绿色节能减排。为了顺利实现“中国2030年前碳达峰、2060年前碳中和”的战略目标，要求千行百业转向绿色低碳的高质量发展道路，同时对通信行业的节能减排提出明确要求：至2025年，单位电信业务量综合能耗年均下降15%，新建大型、超大型数据中心电能利用效率（PUE）小于1.3。

1.1.3 新技术的发展——打造转型新动能

信息通信技术加速融合、系统创新和智能引领的重大变革，成熟技术的广泛应用、持续演进和新技术的攻关突破、快速引入，正为网络的自动化、智能化转型赋能，推动自智网络演进升级。

成熟技术的广泛应用和持续演进：以人工智能、大数据、云计算为代表的信息技术更加成熟，全面融入运营商的网络和系统之中，让网络具备更强大的感知、分析、预测和自配置能力，实现更加智能的单域自治，让系统具备更加强大的编排调度和跨层、跨专业协同能力，实现端到端的跨域协同，极大地提升了网络的自服务、自发放和自保障能力。

新技术的攻关突破和快速引入：以数字孪生、认知智能、意图交互等为代表的新一代信息技术，带来低成本试错、加速网络服务创新迭代的全新优势，让系统具

① 本文数据均来自《中国联通自智网络白皮书（3.0）》。

备更强大的自主决策能力，支撑更加智能化的分层闭环；进一步减少人工干预在运营运维流程中的比重，全面提升网络的可扩展性、资源利用效率和客户响应速度，将有效支撑自智网络向更高等级演进升级。

1.2 无线网络数智化运维转型的意义

无线网络数智化运维转型的意义主要包含：提高网络效率和服务质量、增强竞争力、提供更加多元化的服务、实现绿色节能减排、支撑未来发展、提高网络可靠性和安全性。

1.2.1 提高网络效率和服务质量

数智化运维转型可以实现网络的自动化、智能化管理和运维，提高网络的效率和服务质量，满足用户对网络服务的需求。

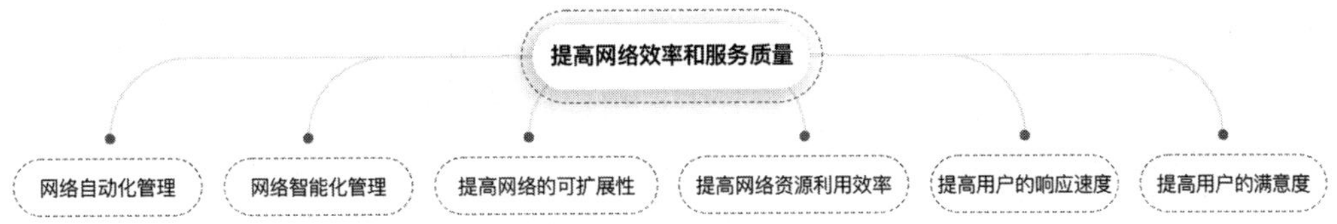

（1）数智化运维转型可以通过网络自动化和智能化管理，实现网络资源的优化调度和智能化决策，从而提高网络的效率和服务质量。例如，可以通过网络自动化实现设备的自动配置、故障预测和自愈等功能，减少人工干预，提高设备的稳定性和可靠性。此外，还可以通过大数据分析等技术，对网络数据进行深度挖掘和分析，以发现网络中的潜在问题和优化空间，从而提高网络的效率和服务质量。

（2）数智化运维转型可以提高网络的可扩展性和资源利用效率。通过数智化运维转型，运营商可以实现网络架构的优化和资源的合理利用，避免资源浪费和性能瓶颈等问题，从而提高网络的可扩展性和资源利用效率。例如，可以通过虚拟化和云计算等技术，实现无线网络的云化部署和资源共享，提高网络的可扩展性和资源利用效率，从而提高用户的体验感和满意度。

（3）数智化运维转型还可以提高用户的响应速度和满意度。通过数智化运维转型，运营商可以实现故障预测和快速响应，快速解决用户遇到的问题，提高用户的满意度和忠诚度。例如，可以通过预测性维护和智能化调度等技术，快速实现设备故障的检测及修复，减少用户的等待时间和损失，提高用户的满意度。

1.2.2 提供更加多元化的服务

数智化运维转型可以通过数字化技术和智能化管理，实现网络服务的个性化定制，为用户提供更加多元化的服务。具体而言，数智化运维转型可以增强以下几个方面的服务。

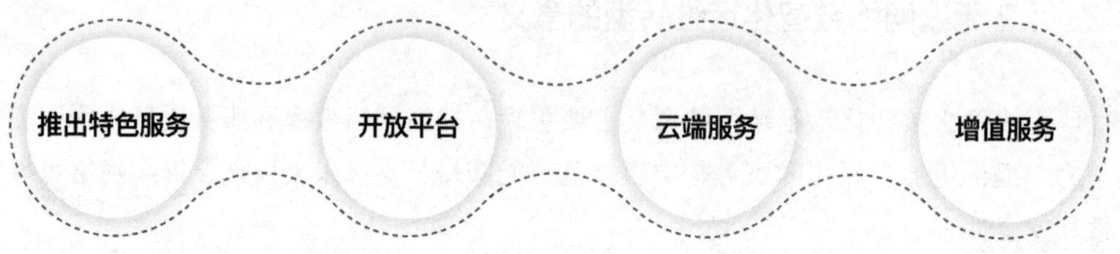

（1）推出特色服务：数智化运维转型可以基于用户需求、市场趋势和运营策略等因素，推出具有特色的服务，如定制化的网络设备、应用程序和服务等，以满足不同用户的需求。

（2）开放平台：数智化运维转型可以通过开放平台的方式，为第三方开发者提供接入和服务的机会，以扩展网络服务的种类和覆盖范围。例如，可以开放 API（开放应用程序编程）接口，允许第三方应用程序直接使用无线网络的相关功能，以增加服务的多样性和便利性。

（3）云端服务：数智化运维转型可以将无线网络服务迁移到云端平台上，以提供更加可靠、安全和高效的服务。例如，可以将部分服务迁移到云端平台上，以降低物理设备的维护成本和能耗，同时提供更加灵活和高效的服务。

（4）增值服务：数智化运维转型可以通过增值服务的方式，为用户提供个性化、专业化和定制化的服务。例如，可以提供网络安全、数据分析和优化等增值服务，以满足用户对网络服务的多元化需求。

1.2.3 实现绿色节能减排

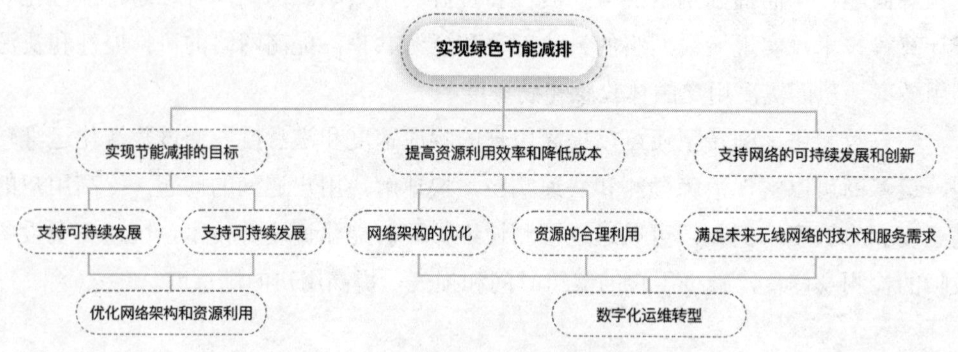

（1）数智化运维转型可以实现节能减排的目标。通过优化网络架构和资源利用，可以减少网络能耗造成的环境污染，助推可持续发展和绿色生态建设。数智化运维转型可以通过能源管理和优化等手段，减少网络能耗造成的环境污染，例如实施节能策略、监控网络能耗和性能指标等，以实现节能减排的目标。

（2）数智化运维转型可以提高资源利用效率和降低成本。通过数智化运维转型，运营商可以实现网络架构的优化和资源的合理利用，避免资源浪费和性能瓶颈等问题，从而提高资源利用效率和降低成本。此外，数智化运维转型还可以通过优化网络架构和资源调度等手段，降低成本和提高效率，例如通过压缩数据、减少设备空转等方式，降低网络能耗和环境污染。

（3）数字化运维转型还可以支持网络的可持续发展和创新。通过数字化运维转型，运营商可以支撑未来发展和创新，满足未来无线网络的技术和服务需求，支持网络的可持续发展和创新。例如，可以通过研究和探索新的技术和设备，推动无线网络的演进升级和智能化发展，以适应未来市场需求和用户需求的变化。

1.2.4 支撑未来发展

支撑未来发展和创新

通过数字化运维转型，运营商可以实现网络架构的优化和资源的合理利用，避免资源浪费和性能瓶颈等问题，从而支持未来发展和创新。

提高服务质量和用户满意度

通过数字化运维转型，运营商可以实现故障预测和快速响应，快速解决用户遇到的问题，提高用户的满意度和忠诚度。

首先，数智化运维转型可以支撑未来发展和创新。数字化运维转型还可以通过研究和探索新的技术和设备，推动无线网络的演进升级和智能化发展，以适应未来的市场需求和用户需求的变化。

其次，数智化运维转型可以提高服务质量和用户满意度。运营商通过数字化运维转型，能快速解决用户遇到的问题，提高用户的满意度和忠诚度。

1.2.5 提高网络可靠性和安全性

数智化运维转型可以提高网络可靠性和安全性。数智化运维转型可以通过安全监控和漏洞扫描等手段，增强网络安全性和可靠性，减少网络安全事件的发生。

1.3 无线网络数智化运维转型的目标和措施

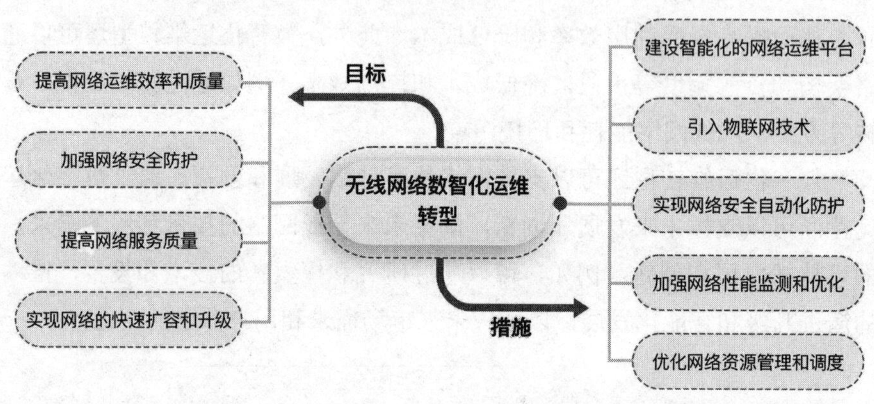

无线网络数智化运维转型的目标主要包括以下几个方面。

（1）提高网络运维效率和质量：通过数智化运维，实现网络故障自动化诊断、定位和恢复，降低人工干预的成本和出错率，提高网络运维效率和质量。

（2）加强网络安全防护：通过数智化运维，实现网络攻击自动化检测和应对，及时发现和防范网络安全威胁，保障网络运行的安全性和可靠性。

（3）提高网络服务质量：通过数智化运维，实现对网络性能的全面监测和优化，确保网络服务的稳定性、可靠性和可用性，提升用户体验和满意度。

（4）实现网络的快速扩容和升级：通过数智化运维，实现对网络资源的自动化管理和调度，实现网络的快速扩容和升级，满足业务增长和变化的需求。

具体来说，无线网络数智化运维转型需要采取以下措施。

（1）建设智能化的网络运维平台：采用人工智能、大数据分析等技术手段，构建智能化的网络运维平台，实现自动化的故障诊断、预测性维护等功能。

（2）引入物联网技术：通过物联网技术，实现对网络设备的实时监测和控制，提高网络资源的利用率和管理效率。

（3）实现网络安全自动化防护：通过人工智能、机器学习等技术手段，实现网络安全自动化防护，提高网络安全防护的准确性和效率。

（4）加强网络性能监测和优化：通过网络性能监测和分析，实现网络性能的实时监控和分析，及时发现和解决网络性能问题，提高网络服务质量。

（5）优化网络资源管理和调度：通过网络资源管理和调度，实现网络的快速扩容和升级，满足业务发展的需求。

总之，无线网络数智化运维转型旨在通过人工智能、大数据分析等技术手段，实现对网络的自动化管理和优化，提高网络的运维效率和质量，加强网络的安全防护，提升网络的服务质量，满足业务增长和变化的需求。

1.3.1 提高网络运维效率和质量

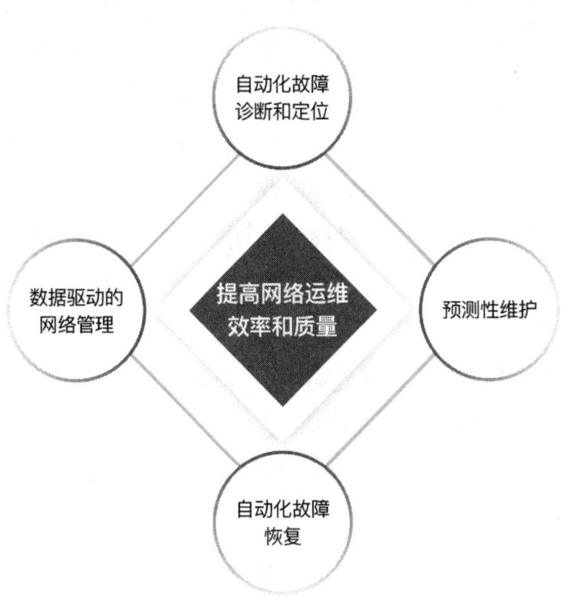

在传统的网络运维中，网络故障的处理通常需要大量的人工干预和较长的时间，效率低，且容易出现误诊、漏诊等问题，从而影响网络的正常运行。为了提高网络运维效率和质量，可以采用以下措施。

（1）自动化故障诊断和定位：通过人工智能技术，建立网络故障自动化诊断和定位模型，实现对网络故障的自动化识别和定位。一旦发生故障，系统可以通过数据分析和模型匹配，快速定位问题所在，并提供相应的解决方案。这样可以减少人工干预，提高故障处理的速度和准确性。

（2）预测性维护：通过大数据分析和机器学习技术，建立网络设备的预测性维护模型，实现对网络设备状态的实时监测和预测。一旦出现设备故障的风险，系统会自动预警，并提出相应的维护建议。这样可以提前排查问题，减小设备故障对网络造成的影响，提高网络的稳定性和可靠性。

（3）自动化故障恢复：通过自动化故障恢复系统，实现网络故障的自动化恢复。当网络出现故障时，系统可以自动启动备份，保障网络的正常运行，同时提供快速恢复服务，缩短故障处理的时间，提高网络的可用性和用户满意度。

（4）数据驱动的网络管理：通过数据分析和可视化技术，实现对网络运营和管理的全面监测和分析，帮助网络管理员及时发现和解决网络问题，同时提供实时数据支持，为网络管理提供决策依据。

通过上述措施的实施，可以实现网络故障的自动化诊断、定位和恢复，降低人工干预的成本和出错率，提高网络运维效率和质量。同时，数据驱动的网络管理可以提供实时数据支持，帮助网络管理员及时发现和解决网络问题，提高网络的可用性和用户满意度。

1.3.2 加强网络安全防护

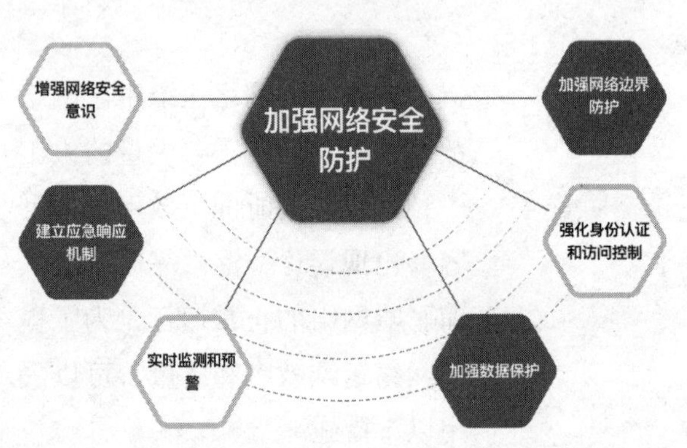

随着互联网的发展，网络安全问题越来越严重，网络攻击和数据泄露已经成为威胁企业信息安全的重要因素。为了保障网络安全，可以采取以下措施。

（1）加强网络边界防护：通过构建网络边界安全防线，包括入侵检测、防火墙、反病毒等技术手段，实现对网络边界的全面防护，避免网络攻击和数据泄露。

（2）强化身份认证和访问控制：通过身份认证、访问控制和权限管理等措施，对网络用户进行身份识别和访问控制，保障网络安全和数据安全。

（3）加强数据保护：通过加密技术、备份机制、灾备方案等手段，实现对数据的全面保护，避免数据泄露和丢失。

（4）实时监测和预警：通过实时监测和预警系统，实现对网络安全事件的实时监测和预警，及时发现和处理网络安全问题，防止安全事件扩散带来不利影响。

（5）建立应急响应机制：建立网络安全事件应急响应机制，明确应急响应流程和责任分工，提高应急响应的效率和准确性。

（6）增强网络安全意识：通过加强网络安全培训和宣传，提高网络用户的安全意识，减少因人为因素导致的网络安全问题。

通过上述措施的实施，可以加强网络安全防护，保障网络和数据的安全，减少网络攻击和数据泄露对企业造成损失。同时，建立应急响应机制和增强网络安全意识，可以提高企业应对网络安全问题的能力和水平，保障企业信息安全。

1.3.3 提高网络服务质量

网络服务质量的好坏直接影响着用户体验和企业的形象，因此，提高网络服务质量是企业网络建设的重中之重。以下是提高网络服务质量的一些措施。

（1）提高带宽和速度：网络带宽和速度是影响网络服务质量的重要因素，可以通过升级网络设备和优化网络拓扑结构等措施提高带宽和速度，以提高网络服务质量。

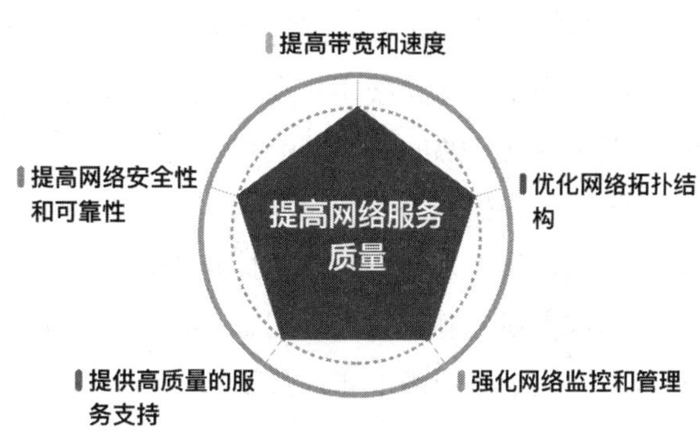

（2）优化网络拓扑结构：通过优化网络拓扑结构，减少网络节点和链路，可以提高网络的稳定性和可靠性，从而提高网络服务质量。

（3）强化网络监控和管理：通过网络监控和管理系统，实时监测和管理网络设备和链路，及时发现和处理网络故障和问题，保障网络的稳定性和服务质量。

（4）提供高质量的服务支持：为用户提供高质量的服务支持，包括网络问题解决、技术支持和故障排除等方面的服务，可以提高用户的满意度和网络服务质量。

（5）提高网络安全性和可靠性：通过加强网络安全防护和建立备灾方案，提高网络的安全性和可靠性，保障网络的稳定性和服务质量。

通过上述措施的实施，可以提高网络服务质量，提高用户满意度，提高企业的品牌形象和竞争力。

1.3.4 实现网络的快速扩容和升级

网络的快速扩容和升级可以满足使用者快速发展的业务需要，比如帮助企业快速适应市场需求和业务增长，从而提高企业的生产力和竞争力。以下是实现网络快速扩容和升级的一些措施。

（1）智能化的网络设备管理：采用智能化的网络设备管理系统，可以实现对网络设备的远程监控、配置和升级，从而提高网络的管理效率和响应速度。

（2）自动化的网络部署：采用自动化的网络部署技术，可以大大降低网络部署的时间和人力成本，从而实现快速的网络扩容和升级。

（3）灵活的网络架构：采用灵活的网络架构，可以更好地适应不同的业务需求和网络环境，从而实现网络的快速扩容和升级。

（4）网络虚拟化技术：采用网络虚拟化技术，可以将网络资源进行虚拟化，从而实现对网络资源的动态调配和快速扩容。

（5）优化的网络拓扑结构：采用优化的网络拓扑结构，可以提高网络的稳定性和可靠性，从而为网络的快速扩容和升级提供更好的支持。

通过上述措施的实施，可以实现网络的快速扩容和升级，提高企业的生产力和竞争力，满足市场需求和业务增长。

1.3.5 建设智能化的网络运维平台

建设智能化的网络运维平台，采用人工智能、大数据分析等技术手段，可以实现自动化的故障诊断、预测性维护等功能。

（1）人工智能技术的应用：采用人工智能技术，可以实现对网络运维数据的智能化分析和处理，提高网络运维的效率和质量。例如，采用机器学习技术，可以自动学习和发现网络故障的模式和规律，从而实现自动化的故障诊断和处理。

（2）大数据分析技术的应用：采用大数据分析技术，可以对网络数据进行实时分析和处理，发现网络故障和潜在的问题，从而实现预测性维护和优化网络性能。例如，采用大数据分析技术，可以对网络流量、网络负载、设备状态等数据进行分析，实现对网络设备的自动化调整和优化。

（3）自动化的故障诊断和处理：采用智能化的网络运维平台，可以实现自动化的故障诊断和处理。例如，当网络设备出现故障时，智能化的网络运维平台可以自动诊断故障原因，并自动采取相应的措施进行处理，减少人为操作的错误和风险。

（4）预测性维护：采用智能化的网络运维平台，可以实现预测性维护，提前发现网络设备的潜在问题并进行预防性维护。例如，采用机器学习技术，可以自动学习设备的运行状态和故障模式，并预测设备的故障概率，从而提前采取相应的维护措施，减少设备故障带来的影响。

（5）自动化的网络配置和管理：采用智能化的网络运维平台，可以实现自动化的网络配置和管理，提高网络运维的效率和质量。例如，通过自动化的配置和管理技术，可以减少人为操作的错误和风险，提高网络的稳定性和可靠性。

1.3.6 引入物联网技术

引入物联网技术，可以实现对网络设备的实时监测和控制，提高网络资源的利用率和管理效率。

（1）实时监测网络设备：通过引入物联网技术，可以实时监测网络设备的状态、运行情况和性能指标等数据。通过物联网传感器和设备，可以实现对网络设备的实时监测和数据采集，从而快速发现设备故障和性能问题，提高网络的稳定性和可靠性。

（2）远程控制网络设备：引入物联网技术，可以实现对网络设备的远程控制和管理。通过物联网技术，可以实现对网络设备的远程开关、配置、调试等操作，减少现场操作的人力和物力成本，提高管理效率。

（3）自动化的网络资源管理：通过物联网技术，可以实现自动化的网络资源管理，提高网络资源的利用率和管理效率。例如，通过物联网传感器等设备，可以实时监测网络设备的负载和流量等数据，从而实现对网络资源的自动化调整和优化，提高网络的性能和效率。

（4）数据采集和分析：通过引入物联网技术，可以实现对网络设备和用户行为的数据采集和分析。通过物联网传感器等设备，可以收集用户的行为数据和网络设备的性能数据等，从而进行数据分析和挖掘，提高网络运营的效率和质量。

（5）智能化的网络管理：通过引入物联网技术，可以实现智能化的网络管理，提高网络的智能化水平和管理效率。例如，通过物联网技术，可以实现对网络设备的自动化管理和控制，减少人为操作的错误和风险，提高网络的稳定性和可靠性。

通过引入物联网技术，可以实现对网络设备的实时监测和控制，提高网络资源的利用率和管理效率，实现智能化的网络管理，提高网络的智能化水平和竞争力。

1.3.7 实现网络安全自动化防护

实现网络安全自动化防护是当前网络安全技术发展的重要趋势，通过人工智能、机器学习等技术手段，可以提高网络安全防护的准确性和效率。

（1）基于人工智能的威胁检测和分析：通过人工智能技术，可以实现对网络威胁的自动化检测和分析。通过对大量的网络数据和威胁数据进行深度学习和训练，可以建立基于人工智能的威胁检测和分析模型，从而实现对网络威胁的自动化识别和分析。

（2）基于机器学习的行为分析和防御：通过机器学习技术，可以实现对网络用户和设备的行为分析以及对异常的防御。通过对网络用户和设备的行为数据进行机器学习和训练，可以建立基于机器学习的行为分析和防御模型，从而实现对异常行为的自动化检测和防御。

（3）自动化的安全事件响应：通过建立基于人工智能的安全事件响应系统，可以实现对网络安全事件的自动化响应和处理，提高网络安全防护的效率和准确性。

（4）自动化的安全漏洞扫描和修复：通过机器学习技术，可以实现对网络安全漏洞的自动化扫描和修复。通过建立基于机器学习的安全漏洞扫描和修复系统，可以实现对网络安全漏洞的自动化识别和修复，提高网络安全防护的效率和准确性。

（5）智能化的安全管理和监控：通过人工智能技术，可以实现智能化的安全管理和监控。通过建立基于人工智能的安全管理和监控系统，可以实现对网络安全的自动化管理和监控，提高网络安全防护的效率和准确性。

通过人工智能、机器学习等技术手段，实现网络安全自动化防护，可以大幅提高网络安全防护的准确性和效率，缩短安全事件响应时间，降低安全风险。

1.3.8 加强网络性能监测和优化

加强网络性能监测和优化是为了提高网络服务质量，确保网络能够稳定、高效地运行。在这个过程中，需要做以下几个方面的工作。

（1）网络性能监测：通过实时监测网络中的各种指标，如带宽、延迟、吞吐量、丢包率等，了解网络的实时状态。通过对这些指标的分析，可以及时发现网络中存在的问题，以便进一步解决。

（2）网络性能分析：通过对网络中各种指标的历史数据进行分析，可以了解网络的使用情况，发现潜在的问题，以及为未来的网络规划提供数据支持。

（3）网络性能优化：通过对网络中各种参数进行调整，例如优化路由选择、调整带宽分配、减少网络拥塞等，可以提高网络性能，提高网络服务质量。

在实现以上工作的过程中，可以采用各种网络性能监测和优化工具，例如网络性能监测软件、网络性能分析工具、流量控制工具、网络拓扑管理工具等。此外，还可以采用人工智能、机器学习等技术手段，利用大数据分析和模型预测等方法来更好地实现网络性能的监测和优化。

1.3.9 优化网络资源管理和调度

优化网络资源管理和调度是为了满足业务发展的需求，提高网络资源的利用效率，实现网络的快速扩容和升级。在这个过程中，需要做以下几个方面的工作。

（1）网络资源管理：通过对网络资源的全面管理，包括网络设备、带宽、存储等，了解网络资源的使用情况和状态。通过对网络资源的合理分配，可以满足不同业务的需求，实现网络资源的最大化利用。

（2）网络资源调度：通过对网络资源的调度和优化，包括动态调整带宽、增加存储空间、扩展网络设备等，可以满足快速变化的业务需求，提高网络资源的利用效率和灵活性。

（3）网络资源自动化管理：通过采用网络资源自动化管理技术，例如SDN（软件定义网络）、NFV（网络功能虚拟化）等，可以实现网络资源的自动化管理和调度，降低网络运维成本，提高网络资源的利用效率和灵活性。

在完成以上工作的过程中，可以采用各种网络资源管理和调度工具，例如网络资源管理软件、网络资源调度系统、虚拟化管理软件等。此外，还可以采用人工智能、机器学习等技术手段，利用大数据分析和模型预测等方法，来更好地实现网络资源的管理和调度，提高网络的运行效率和可靠性。

2 无线网络数智化运维转型的关键技术

2.1 大数据技术

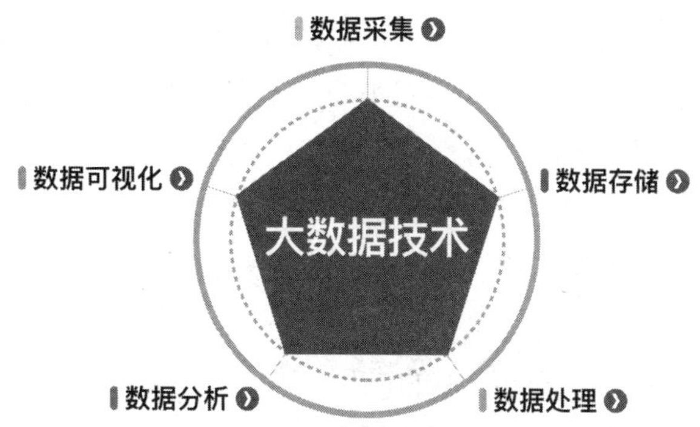

随着互联网和物联网的普及，人们生成的数据量越来越大，传统的数据处理方式已经无法满足大数据处理的需求。因此，大数据技术应运而生。

大数据技术包括数据采集、存储、处理、分析和可视化等多个方面。其中，数据采集是指从不同的数据源中收集数据，并将其转化为可供分析的格式。数据存储是指将收集到的数据存储在可靠和高效的存储系统中。数据处理是指对数据进行清洗、过滤和转换等操作。数据分析是指将处理后的数据进行统计、挖掘和建模等操作，以提取有价值的信息。最后，数据可视化是指使用图形化方式来呈现分析结果，以便人们更好地理解和应用这些结果。

常用的大数据技术包括Hadoop、Spark、Hive、Pig等开源工具和系统，以及各种商业化的大数据产品和解决方案。这些工具可以帮助应用者更好地管理和分析海量数据，以支持业务决策和创新。

从技术的角度来看，大数据技术的主要特点主要体现在五个方面，即数据的规模、速度、种类、价值和分布性。

（1）规模：大数据是指超出人类单一处理能力的数据量，无论是数据的量还是复杂度都超过了传统数据存储和分析技术的处理范围。大数据技术可以处理具有

TB、PB 级别的大规模数据。它可以通过高效的数据分区和分布式处理技术来实现海量数据的处理和计算。

（2）速度：伴随着互联网的普及，数据的生成速度越来越快，大数据技术可以同时支持实时和批处理，它可以提供实时的数据分析结果，使业务和决策变得更加敏捷，同时支持批处理来提取复杂的关系和模式。

（3）种类：现代生产和生活中所涉及的数据有很多不同的类型，不同类型数据之间的关联越来越复杂。大数据技术可以处理非结构化、半结构化和结构化数据。无论是传感器数据、社交媒体数据，还是文本、音频和视频数据，大数据技术都能有效地提取出重要的信息。

（4）价值：大数据的价值主要在于可根据其中的信息，进行人工智能和机器学习等复杂算法的分析，不同来源、不同类型、不同格式的数据可以通过大数据技术集成在一起，形成发现性的深度洞察和预测模型。

（5）分布性：大数据架构设计具有良好的可扩展性和弹性，它可以随时根据业务的需要扩大或缩小，确保在负载增加时不会丢失数据或降低性能。

2.1.1 大数据技术在无线网络中的应用

在无线网络中，大数据技术广泛应用于各种应用场景中，可以有效提高网络性能、用户体验和运营效率，以及优化网络结构和资源分配等方面的问题。

2.1.1.1 优化无线网络性能

无线网络性能的优化是一个非常重要的课题。在现代网络中，无线网络已经成为人们生活和工作中必不可少的一部分，扮演着支撑和推动工作、活动、经营等的重要角色。因此，提高无线网络的性能有非常重要的意义。

（1）大数据分析可用于无线网络参数优化：大数据技术可以处理海量无线网络

数据，从中提取有用的信息，例如用户量、网络拥堵情况、信号强度、信道干扰等，对无线网络参数进行优化。大数据技术可以通过收集周围网络设备的数据，利用机器学习技术建立模型来预测网络中的性能瓶颈，并通过基于数据驱动的方法，进行参数优化，以提高网络效率和用户体验。

（2）大数据分析用于故障诊断和预测：大数据技术可以对网络日志、监测数据，以及其他相关数据进行分析和挖掘，以快速识别并解决网络问题。在无线网络中，它可以通过基于数据的故障诊断，快速定位网络故障，并提供高质量的服务。通过识别关键性能指标，大数据分析可以有效地预测网络瓶颈和故障前驱，在出现故障之前实现预警，从而提高网络服务的可靠性。

（3）大数据可视化用于网络自动化和实时优化：大数据技术可以采用数据可视化技术，实现对网络状况的实时监控和数据可视化。通过数据的可视化呈现，可以及时了解网络的运行状况，快速识别网络的问题，并自动调整网络参数，帮助网络智能化地实现优化。

2.1.1.2 无线网络设备维护和故障预测

在无线网络中，各种设备（如中继器、路由器、交换机等）均会发生故障，需要进行维护和修理。无线网络种类繁多、设备众多、型号繁杂，因此要进行快速预测和维护难度很大。利用大数据技术，可以实现以下功能。

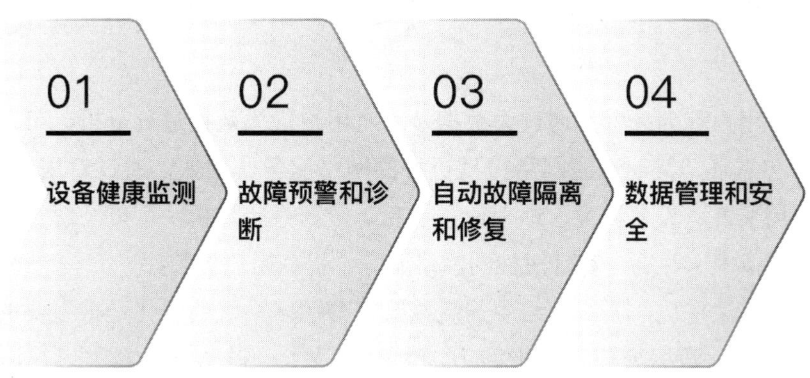

（1）设备健康监测：基于大数据的设备健康监测可以跟踪无线网络设备的工作状态，同时识别任何潜在的故障，并尽早发现处理。监测数据包括硬件部件、设备运行状况、传输质量等方面，并通过大数据处理和分析技术，构建预测性模型，提前发现设备故障并及时处理故障，降低相关维护成本。

（2）故障预警和诊断：利用大数据技术和机器学习算法，可以在不增加人工干预的情况下提前预测设备故障，从而达到减少停机时间的目的。当设备发出故障预警时，可快速通过数据驱动方法和设备健康模型诊断确定维护措施。

（3）自动故障隔离和修复：基于大数据技术的自动故障隔离和修复技术，可以对无线网络设备中的故障进行快速自动修复。利用监测日志，可以追踪和定位设备故障，并通过分析设备的状态和数据，推断问题的根源，确保设备问题的快速解决。

（4）数据管理和安全：大数据技术可以支持连接、处理大量的无线网络设备数据，从而进行设备监控和设备维护。同时，大数据应用在网络设备维护中，需要采取一些安全措施来保护敏感数据，避免攻击和泄露等问题。

2.1.1.3 无线网络业务分析

在无线网络中，各种业务都得到了拓展。包括社交、移动支付、地图导航、在线教育等。通过采集和分析大量的数据，可以深入了解各种业务的用户数量、用户交互情况、用户偏好等，从而提供更具针对性的服务，以下是大数据技术在无线网络业务分析方面的具体应用。

（1）用户行为分析：通过大数据技术对用户行为数据进行分析，可以了解用户的数量和需求，帮助无线网络提供更好的网络服务。例如，通过对用户上网时间、流量使用情况、设备种类、地理位置信息等数据进行分析，可以了解用户使用网络的习惯和需求，并制定有针对性的网络服务，提高用户体验。

（2）算法优化：无线网络中的流量管理与网络系统的优化是很重要的。为了使网络有更好的数据处理和分析能力，大数据技术可以结合机器学习算法，使得网络更加智能化，进而对无线网络流量进行管理和优化，提高用户体验，减少网络拥堵。

（3）营销策略分析：大数据技术可以对网络中不同的营销方案进行分析，以帮助运营商更好地制定与推广网络服务。运营商可以基于大数据分析结果，制定推送方案、精准定向投放广告、开发新业务模式，提高营销效果和用户满意度。

（4）资源优化：通过大数据技术，可以分析无线网络设备的性能、故障率、数据流量和网络拥堵情况等，预测设备的维护需求，并针对数据分析结果，通过资源优化和设备升级来提高无线网络的整体性能。

（5）竞争对手分析：通过大数据技术，可以分析竞争对手的营销手段、价格方案和分布等信息，了解市场竞争格局和市场动向，并制定相应的决策和发展战略。

2.1.2 大数据处理关键技术

在大数据处理过程中，可行性、效率和准确性是非常重要的方面。为了满足这些要求，大数据处理技术需要通过多种技术手段提高其可行性、效率和准确性。同时，随着技术的发展，大数据处理技术也逐渐形成了一些关键技术。

2.1.2.1 大数据采集技术

大数据采集是指从不同来源、不同类型的数据中，有目的地采集和收集所需要的数据，以支持后续的数据分析和处理。以下是几种主要的大数据采集技术：

1）爬虫技术

爬虫技术是通过编写程序自动访问和抓取网站上的数据，以获取网站的相关信息。通过爬虫技术，可以自动化地抓取文本、链接、图片、视频等各种类型的数据，并存储到数据库或者文本文件中，从而节省人力和物力。一般来说，爬虫技术主要通过以下步骤实施。

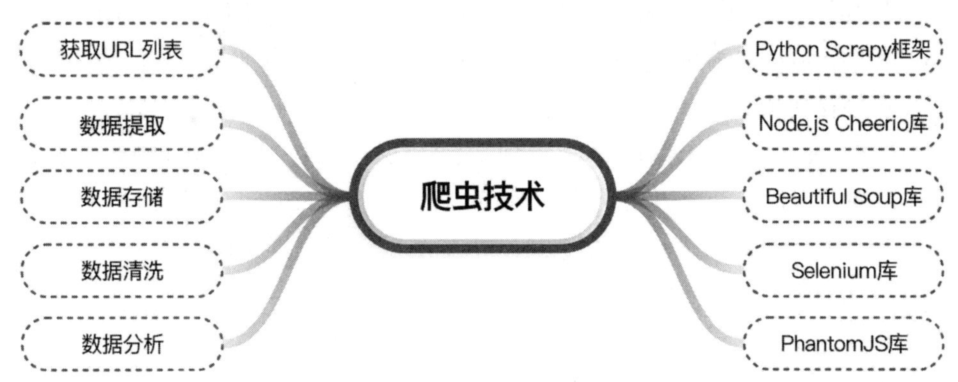

（1）获取 URL（统一资源定位符）列表：爬虫程序首先需要一个 URL 列表，该列表指定要被爬取的网址。可以手动编写 URL 列表，也可以使用 Web 搜索引擎获取到 URL 列表。

（2）数据提取：爬虫程序使用 Web 爬虫来访问指定 URL，提取页面内容并将其存储到本地数据库中。在这个过程中，爬虫程序需要分析页面上的文本、链接、图片等内容，并提取所需的信息。

（3）数据存储：一旦获取了所需的数据，爬虫程序需要将其存储到本地数据库中进行进一步的处理和分析。可以使用关系数据库，如 MySQL、PostgreSQL 或

MongoDB 等作为爬虫程序的数据库。

（4）数据清洗：爬虫程序收集到的数据可能包含很多无关的、低质量的数据或垃圾数据。数据清洗是必要的，可以过滤掉这些无效数据，让数据更具有可靠性和可用性。

（5）数据分析：一旦爬虫程序获取到了足够的数据，便可以进行各种数据分析，以输出有价值的数据结果。在这个过程中，这些数据可以通过 API（应用程序接口）或者其他的数据挖掘工具进行进一步处理和分析。

现今已有多种较为成熟的工具和框架应用。

（1）Python Scrapy 框架：Scrapy 是由 Python 编写的一种 Web 爬虫框架，它提供了解析 HTML（超文本标记语言）、请求网页、使用代理、存储数据等常见爬虫功能，能够加速数据采集的开发。同时 Scrapy 的集成是松散的，各个组件可以灵活组合和定制。

（2）Node.js Cheerio 库：Cheerio 是一个基于 Node.js 的爬取网站的库，它类似于 jQuery，可以在服务器端解析 HTML 并获取元素，容易实现 DOM（文档对象模型）的操作，因此可以自由提取所需内容。

（3）Beautiful Soup 库：Beautiful Soup 是一个 Python 库，可以从 HTML 或 XML（可扩展标记语言）文档中快速提取数据。它提供了一些方便的 API（应用程序编程接口）和标记解析器来简化解析过程。Beautiful Soup 库是一个被广泛使用的爬虫库，可以轻松地从网页中提取结构化数据。

（4）Selenium 库：Selenium 是一种 Web 自动化工具，允许 Web 浏览器执行脚本，在完成可见的渲染之前等待某些 Web 资源的加载。Selenium 可以用于测试 Web 应用程序，也可以用于爬虫。通过 Selenium 可以让爬虫程序自动填写表单、模拟点击和键入搜索条目等操作。

（5）PhantomJS 库：PhantomJS 是一个基于 WebKit 的 JavaScript API，它使得爬虫可以在本地执行，而无须运行浏览器。PhantomJS 可以在爬虫中模拟用户操作、抓取动态网页和 JavaScript 渲染的内容。

一个用 python 的 Scrapy 框架编写的爬虫示例如下。

```
import scrapy
import re
import pymysql

class ArticleSpider(scrapy.Spider):
```

```
    name = 'article'
    start_urls = ['http://www.example.com/articles']

    def parse(self, response):
        # 解析文章链接
        article_links = response.css('.article-link a::attr(href)').getall()

        for link in article_links:
            yield response.follow(link, self.parse_article)

        # 翻页操作
        next_page = response.css('.next-page a::attr(href)').get()
        if next_page:
            yield response.follow(next_page, self.parse)

    def parse_article(self, response):
        # 提取并清洗文章信息
        date_str = response.css('.date::text').get()
        date_list = re.findall(r'\d{4}\-\d{2}\-\d{2}', date_str)
        date = date_list[0] if len(date_list) > 0 else None

        author = response.css('.author::text').get().strip()

        content = response.css('.content').get().strip()
        content = re.sub(r'<.*?>', '', content)

        comments = []
        comment_items = response.css('.comment-item')
        for item in comment_items:
            content = item.css('.content::text').get().strip()
            content = re.sub(r'<.*?>', '', content)
            author = item.css('.author::text').get().strip()
            comments.Append({'content': content,'author':author})

        # 存储数据到数据库中
        if date and author and content:
```

```
        conn = pymysql.connect(host='localhost', user='root', password='password', db='example_db', charset='utf8mb4')
        cursor = conn.cursor()
        sql = f"INSERT INTO articles (date, author, content) VALUES ('{date}', '{author}', '{content}')"
        cursor.execute(sql)
        article_id = cursor.lastrowid

        for comment in comments:
            comment_sql = f"INSERT INTO comments (article_id, content, author) VALUES ({article_id}, '{comment['content']}', '{comment['author']}')"
            cursor.execute(comment_sql)

        conn.commit()
        cursor.close()
        conn.close()
```

2）传感器技术

传感器技术通过感知环境、收集数据、传输数据等方式，捕捉现实世界中的信息，以便实现对环境的监测、分析和控制。具体而言，它主要包括以下方面。

（1）实时监测和数据采集：传感器技术可以用于实时监测各种环境参数，包括温度、湿度、气压、光线等。传感器采集到的数据可以通过云服务器或者物联网平台上的设备接口进行传输和处理。同时，传感器数据也可以通过机器学习算法进行分析，以生成更具有实时价值的数据。

（2）智能控制和决策支持：传感器技术还可用于实现智能控制和决策支持，例如自动控制温度、湿度、照明强度和时长等参数，以帮助提高生产效率和质量。传感器技术可以为机器学习算法提供原始数据，使其能够进行预测和分析。

（3）无人机采集和监测：传感器技术在无人机领域也有着广泛的应用，例如用于气象监测、灾难救援、照片和视频拍摄等。通过搭载各类传感器，无人机不仅可以采集地理信息和环境数据，还能实现物品转运、无人巡逻等一系列自动化功能。

3）日志采集技术

日志采集是指通过采集和存储系统组件、设备或是其他应用程序的执行日志，来分析系统设备的性能和流程。通过日志采集技术，可以实时收集设备执行过程中产生的系统信息和诊断信息，以帮助诊断和了解故障发生的根本原因。

日志采集的数据源包括计算机、网络设备和应用程序等。常见的数据源包括操作系统日志、应用程序日志、网络设备日志等。在进行日志采集前，需要先了解各种数据源的日志记录方式及格式。日志采集方式主要有以下几种。

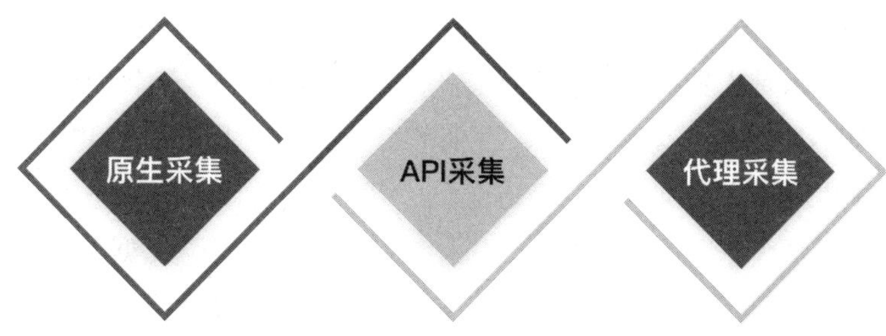

（1）原生采集：通过特定的采集工具搜集原设备的日志信息并传输到日志中心或者数据分析平台。

（2）API 采集：API 采集更多应用于应用程序的日志采集，可以基于 API 接口全量采集日志数据。

（3）代理采集：在服务器或设备上搭建代理程序，将采集到日志缓存后批量传输到日志中心或数据分析平台。

4）数据库采集技术

数据库采集是指从不同的数据库中提取和采集数据，以支持后续的数据分析和处理。通过利用数据采集工具或者编写数据采集脚本，可以从多个数据库中采集所需的数据并进行存储和处理。

数据库采集的数据源包括各种数据库管理系统，如关系型数据库（如 MySQL、Oracle）、NoSQL 数据库（如 MongoDB、Cassandra），以及各种云数据库（如 AWS RDS、Google Cloud SQL）等。在进行数据库采集前，需要先了解各种数据库类型、版本和操作系统等相关信息。数据库采集方式主要有以下几种。

（1）数据库抽取：通过在目标数据库上配置相应的数据抽取工具，在数据库变化时实时抽取数据，并发送到数据采集系统。

（2）日志审计：根据数据库记录产生的日志，利用特定的工具解析后采集，类似于日志采集方式。

（3）直连采集：如利用 JDBC/ODBC 等标准协议进行数据采集，直接在应用层采集源数据库中的数据并传输到大数据系统中。

5）云端采集技术

云端采集技术是大数据采集技术中的一个新兴领域，在云计算的背景下，它通过将各种云端数据进行采集、传输、存储和分析，以便用户获得更多的信息和价值。它的具体实现需要注意以下几个方面。

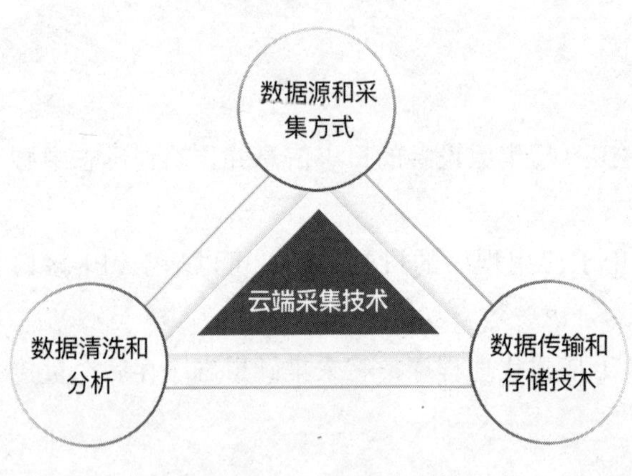

（1）数据源和采集方式：不同的云计算平台和云端数据源支持的数据类型和采集方式不同。在选择云端采集方案时，需要根据当前的平台类型、版本和云服务商等因素进行选择。

（2）数据传输和存储技术：采集到的云端数据需要进行传输和存储，以便进行后续的分析和利用。数据传输可以使用各种实时成帧协议，如传输控制协议 TCP/IP 和用户数据报协议 UDP 等。数据存储方面，可使用 S3、GCS 等云存储服务，也可使用 Hadoop 生态系统中的 HBase、Hive 等组件，或者 Elasticsearch、Kibana 等第三方工具。

（3）数据清洗和分析：云端数据在采集之后，需要进行清洗和分析，以去除无效的信息并提取有价值的数据。同时，可以使用机器学习、流式计算等技术进行实时处理和分析，以便对数据进行监控、预测和优化。

2.1.2.2 大数据传输技术

大数据传输是指将大量数据从一个系统传输到另一个系统的过程。在大数据场景下，数据传输常常是一个很大的挑战，因为需要传输的数据量很大，而且可能涉及多节点、多系统的传输。以下是常见的大数据传输方式。

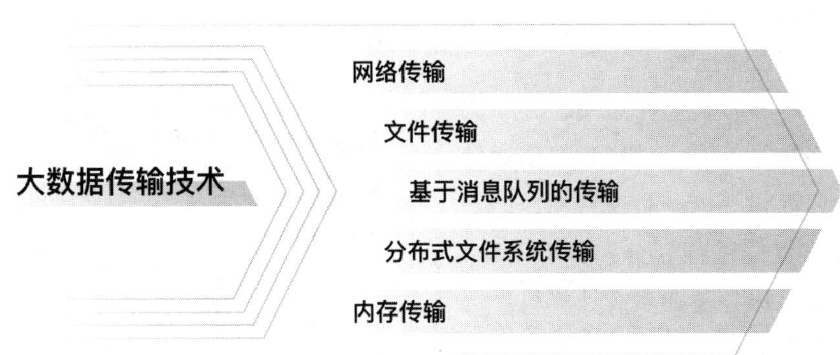

（1）网络传输：网络传输是最常见的数据传输方式，它依托计算机网络和传输协议，可以快速、可靠地传输大数据。网络传输常采用 TCP/IP 协议和 HTTP 协议等。在数据传输中，需要注意网络带宽、延迟和数据容量等因素，以确保数据的可靠性和安全性。

（2）文件传输：文件传输是将大数据以文件的形式进行传输，可以通过 FTP、SFTP 等协议进行传输。文件传输需要考虑文件大小、压缩和加密等因素，并可使用分割文件、分批传输等技术以提高传输效率。

（3）基于消息队列的传输：基于消息队列的传输是将数据分割成小块，每个小块作为一条消息通过消息队列进行传输。这种方式可以保证数据的持久性和可靠性，并可以支持异步处理、流式计算等需求。常用的消息队列包括 Kafka、RabbitMQ、RocketMQ 等。

（4）分布式文件系统传输：分布式文件系统传输是将数据存储在分布式文件系统中，再通过特定的分布式文件系统协议进行传输。分布式文件系统可以支持大数据的处理和存储，同时具有高可靠性、可扩展性等优点。常用的分布式文件系统包括 Hadoop HDFS、GFS 等。

（5）内存传输：内存传输采用内存作为数据传输和存储介质，可以快速地传输大量数据。内存传输常被应用于高速数据处理和分析，如实时数据挖掘、实时数仓等。常用的内存传输技术包括 Redis、Apache Ignite 等。

对于一些非重要场景的数据，若不是有绝对严格的数据传输要求，通常可以使用 Kafka 消息队列。对于非常重要场景的数据，则需要采用高可靠性的数据传输系统，例如 RocketMQ。

2.1.2.3 大数据存储技术

大数据存储技术是指为处理和分析大数据提供高效的数据存储和访问方式的技术。以下是常见的几种大数据存储技术。

（1）分布式文件系统：分布式文件系统是针对大规模数据的存储和访问而设计的一种文件系统。它通过将数据进行划分和分散存储，将大量数据存储在多个计算机集群上，提供高性能、可扩展和可靠的存储服务。常见的分布式文件系统包括 Hadoop 分布式文件系统（HDFS）、GlusterFS、GFS 等。

（2）NoSQL 数据库：NoSQL 数据库是一类非关系型数据库，它针对大规模数据存储和高吞吐量访问的需求进行优化，并采用了松散的数据模式、分布式数据存储、高可用性和高扩展性等技术。常见的 NoSQL 数据库包括 MongoDB、Cassandra、Couchbase、Redis 等。

（3）列式数据库：列式数据库是一类以列为单位存储数据的数据库系统，它在处理大数据、高并发查询和分析等方面有很好的优势。与传统形式数据库相比，列式数据库可以大大提升数据处理速度和效率。常见的列式数据库包括 ClickHouse、Vertica、HBase 等。

（4）对象存储：对象存储是一种以对象为单位存储数据的数据存储技术，它将数据分为多个对象进行存储，并为每个对象分配唯一的标识符（Object ID）。对象存储注重长期数据保存、数据安全性和高扩展性等方面的需求。常见的对象存储包括 AWS S3、Alibaba Cloud OSS、Google Cloud Storage 等。

（5）内存数据库：内存数据库是一种将数据存储在内存中的数据库系统，主要用于高速数据处理、实时计算、缓存等场景。与传统磁盘存储的数据库相比，内存数据库具有更高的速度和更低的延迟。常见的内存数据库包括 Redis、Memcached、Apache Ignite 等。

HDFS（Hadoop Distributed File System）是 Apache Hadoop 生态系统中的一个分布式文件系统，它可以在大规模计算机集群上存储和处理大型数据集。HDFS 提供了丰富的命令行工具和 API，可以方便地执行文件系统的操作和管理，以下是一些常见的命令和操作。

（1）创建目录：hdfs dfs-mkdir/mydir

（2）上传文件：hdfs dfs-put/path/to/local/file/path/to/hdfs/dir

（3）下载文件：hdfs dfs-get/path/to/hdfs/file/path/to/local/dir

（4）查看文件列表：hdfs dfs-ls/path/to/hdfs/dir

（5）查看文件内容：hdfs dfs-cat/path/to/hdfs/file

（6）删除文件：hdfs dfs-rm/path/to/hdfs/file，hdfs dfs-rmdir/path/to/hdfs/dir

HBase是一个列式分布式数据库，是Apache Hadoop生态系统中的一部分。它构建在Hadoop和HDFS之上，并提供对大量结构化和半结构化数据的有效管理和访问。HBase具有以下一些优点，使得它被广泛应用于构建大数据数据库。

（1）可伸缩性：HBase可以轻松地向集群中添加新节点，以便在处理大量数据时快速增加容量。

（2）高性能：HBase使用列式存储、块缓存和索引来提高读写性能。

（3）强一致性：HBase使用ZooKeeper实现强一致性，区别于其他NoSQL数据库的最终一致性。

（4）数据可靠性：HBase使用Hadoop的HDFS来持久化数据，并自动在多个节点复制数据以提供数据可靠性。

（5）灵活性：HBase可以与Hadoop的其他工具和组件进行集成，例如MapReduce、Hive和Pig等。

HBase的架构是基于Google的Bigtable设计的。HBase将数据存储在大型的、可伸缩的分布式群集中，并根据Key进行分片和分布式存储。它主要由以下模块组成。

（1）RegionServer：维护HBase中的Region，处理客户端请求和处理数据。一个集群可以包含多个RegionServer。

（2）ZooKeeper：提供协调服务，用于HBase中的Master选举和RegionServer故障检测等。

（3）HMaster：管理RegionServer，处理元数据的更改，并配置群集的负载平衡、故障转移等。

（4）HDFS：HBase将数据储存在HDFS中，使用HDFS提供的高性能和可靠性。

（5）Hadoop：HBase是构建在Hadoop生态系统中的一部分，可以与Hadoop的其他工具和组件（例如MapReduce）进行集成。

HBase的数据模型是基于Bigtable的数据模型设计的，具有列族、行键和单元之间的关系。在 HBase 中，数据存储在表中，并使用行键进行索引。表是列族的集合，类似于关系数据库中的表。每个列族包含一个或多个列，可以在运行时动态添加或删除列族。行键是表中数据的唯一标识符，可以是任何数据类型的字符串。在 HBase 中，列由列族名称、列限定符和时间戳组成。列族名称是必需的，列限定符和时间戳是可选的。

在实际的应用中，可以使用 Python 等常用语言对 HBase 数据库进行读写操作。使用 HAppyBase 库连接 HBase 数据库并执行读写操作的示例如下。

在 Python 脚本中，使用 HAppyBase 连接 HBase 并打开表格。需要指定 HBase 主机和端口以及表名。

```
import hAppybase
connection = hAppybase.Connection('hostname', port=9090)
table = connection.table('mytable')
```

在连接 HBase 并打开表格之后，就可以执行写入操作了。使用 table 对象的 put（）方法向表中插入数据。需要指定行键、列族、列名和值。

```
table.put(b'row1', {b'cf1:col1': b'value1', b'cf2:col2': b'value2'})
```

在表中存在数据时，可以使用 table 对象的 get（）方法获取表中的数据。需要指定行键、列族和列名。

```
row = table.row(b'row1')
print(row[b'cf1:col1'])
```

使用 table 对象的 delete（）方法来删除表中的数据。需要指定行键、列族和列名。

```
table.delete(b'row1', columns=[b'cf1:col1'])
```

通过以上步骤，就可以使用 Python 连接 HBase 数据库并执行读写操作了。需要注意的是，为了保证数据的安全性和性能，需要进行合理的权限管理和优化。在实际应用中，还可以使用 HAppyBase 库提供的高级特性，例如缓存、批量操作和异步 IO 等，以优化操作的性能。

2.1.2.4 大数据处理技术

大数据处理是指对大量的数据进行高效、高速、高附加值的处理技术。运用大数据处理技术，我们可以从海量数据资源中获取有价值的信息，用于支持决策制定、新产品研发、效率提升和管理优化等方面。大数据处理技术能够使数据变得更有价值和更易于利用。对于大量的数据，只有进行准确、有效的处理才能充分发挥数据的价值，支持决策制定和提高企业、机构的效率。大数据处理技术通常包括数据获取、数据预处理、数据分析和模型构建、数据可视化等步骤。实现这些步骤需要使用多种技术和工具，例如 MapReduce、Hadoop、Spark 和自然语言处理技术等。值得注意的是，不同的大数据处理技术适用于不同的数据类型和处理需求，需要根据实际需求选择适合的技术和工具。当处理纯数据、文本、图像、音频、视频等不同类型和格式的数据时，可以使用不同的技术和工具，以充分发挥数据的价值。

大数据处理技术可以按照不同的方式分类，以下列举几种常见的分类方式。

（1）流数据处理：流数据处理是指对大数据流的实时处理。这种处理使得在实时应用或处理之前，数据不需要进行持久化存储。

（2）批量数据处理：批量数据处理是指对离线数据集进行批处理的处理方式，通常利用 MapReduce 等技术来处理海量数据，有更高的可靠性和准确性。

（3）增量数据处理：增量数据处理是处理增量数据的一种方式，与流数据处理和批量数据处理的不同在于增量数据处理是对数据的变化状态进行追踪和识别，并动态地建模数据的演化历程。

（4）在线数据处理：在线数据处理是指在相对较短的时间内，对单独请求的数据或数据的子集进行处理，进行数据处理请求时可以直接使用在线数据，例如数据挖掘、推荐系统等。

大数据处理技术的处理流程包括数据获取、数据预处理、数据分析与模型构建、数据可视化等步骤。

（1）数据获取：数据获取是整个流程的第一步，通常从数据源、数据仓库、数据库等获得数据来源。

（2）数据预处理：数据预处理通常包括数据清洗、去重、归一化和数据采样等。这一步是为了清理原始数据中的噪声，使数据变得更加准确、可靠。

（3）数据分析与模型构建：在这一步骤中，算法、模型、数据挖掘等技术被应用到数据集中，以发现有价值的知识点。

（4）数据可视化：最后一步是将大量数据整理成易于理解的格式，进行可视化呈现，包括图、表等，让数据变得更加容易理解和利用。

以下是大数据处理中常用的几种技术。

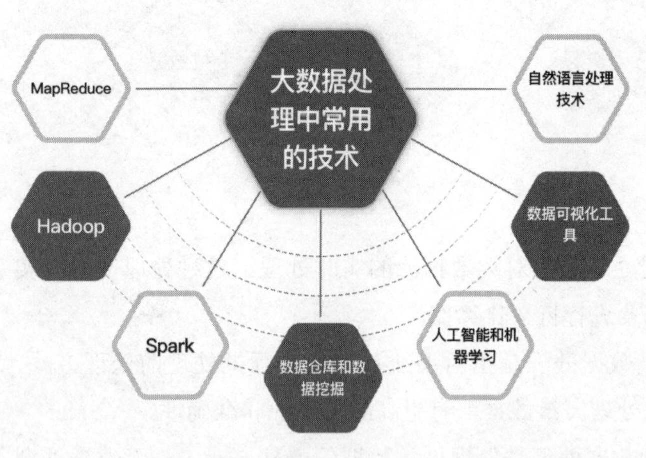

（1）MapReduce：MapReduce是一种大规模数据处理的分布式编程框架，是进行海量数据处理的基础。

（2）Hadoop：Hadoop是一个大数据处理平台，支持分布式存储和处理，包括公开的Hadoop Distributed File System（HDFS）和MapReduce引擎。

（3）Spark：Spark是一个高速、通用、一体的大数据分析处理框架，支持多种数据处理操作，例如批处理、机器学习、图形处理等。

（4）数据仓库和数据挖掘：数据仓库和数据挖掘技术可用于存储数据和训练模型，以支持更准确地预测和决策。

（5）人工智能和机器学习：人工智能和机器学习是大数据处理的前沿技术，它们可以帮助处理各种类型和格式的数据，并自动完成特征提取和模式识别等任务。

（6）数据可视化工具：数据可视化工具可以将数据以可视化形式展现，例如直方图、折线图和散点图等，使得数据更易于理解和利用。

（7）自然语言处理技术：自然语言处理技术可以用于处理文本数据，例如文本分类、情感分析和文本摘要等，为海量数据提供了更多的价值。

2.1.2.5 大数据挖掘算法

大数据挖掘算法可以自动地从大量的数据中挖掘出有价值的模式和知识，提高数据的价值和利用率，帮助企业更好地决策和发展业务。随着大数据技术的发展，各种大数据挖掘算法也得到了广泛应用。大数据挖掘算法的分类包括监督学习、无监督学习、半监督学习和强化学习，其中每一种分类都有特定的应用场景和技术特点。常用的算法包括决策树、向量机、聚类算法和关联规则算法等，它们在不同领域和应用场景有着广泛的应用。大数据挖掘的基本步骤包括数据预处理、特征提取、模式选择和建模、模式解释和应用等，通过这些步骤，可以将海量的数据转化为高价值的知识，为企业决策提供有力的支持。

大数据挖掘算法是一种数据采集、处理、分析和应用的综合技术，通过分析数据中的模式、规律和隐藏知识，帮助用户发现有益的信息，以提供更好的决策支持和业务价值。大数据挖掘算法主要是基于统计学、机器学习和优化理论等技术构建的。从大的方面来说，大数据挖掘算法主要有以下几种。

（1）监督学习算法：监督学习算法通常通过训练样本内部的模式建立一个分类或回归模型，训练数据是有标签的，例如支持向量机、决策树、朴素贝叶斯等。

（2）无监督学习算法：无监督学习算法的训练数据没有标签，不需要指定输出，通过找到数据之间的相关性、相似性和差异性等特征，发现有用的模式和结构，例如聚类和关联规则等。

（3）半监督学习算法：半监督学习算法是介于监督学习和无监督学习之间的一种算法，使用大量的未标记数据和少量的标记数据训练算法来发现潜在的特征和模式，例如半监督聚类。

（4）强化学习算法：强化学习算法是一种通过试错、学习的方式来获得系统在当前环境下最佳决策方案的方法，常用于智能控制、游戏等方面。

大数据挖掘算法通常包括以下几个基本步骤。

（1）数据预处理：大部分的数据挖掘引擎都需要进行预处理，包括数据清理、数据规范化、数据抽样和属性选择等。

（2）特征提取：在预处理之后，需要通过特征提取从数据中提取有价值的特征，通常包括目标变量、各种关联规则等。

（3）模型选择和建模：通过选择合适的模式，对数据进行建模，训练模型并进行模型评估，在此过程中验证模型的稳健性和有效性。

（4）模型解释和应用：通过模型处理和算法分析，将挖掘到的有用的信息和知识技术应用于实际业务场景中，以供决策或应用。

以下是大数据挖掘中应用广泛的几种常用算法。

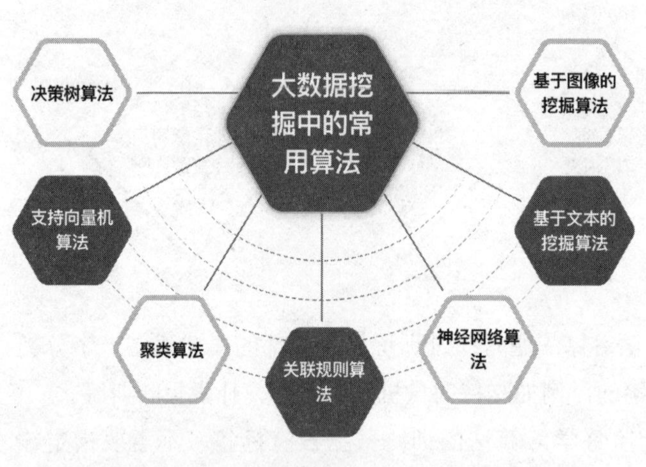

（1）决策树算法：决策树算法主要用于分类和预测，以及特征选择等，具有易于理解、可解释性强等特点。

（2）支持向量机算法：支持向量机算法是一种最常使用的监督学习算法，主要应用在二分类和多分类场景的模式识别中，具有良好的泛化能力和分类效果。

（3）聚类算法：聚类算法是无监督学习中的一种常用算法，主要应用于发现数据中的内在分组规律，如 k-means 算法、层次聚类算法等。

（4）关联规则算法：关联规则算法主要用于发现事物之间的关联关系。Apriori 算法和 FP-Growth 算法是常用的关联规则挖掘算法。

（5）神经网络算法：神经网络算法是一种模拟人脑神经元工作机制的知识表达和处理方法，主要应用于分类、预测和控制等领域。

（6）基于文本的挖掘算法：基于文本的挖掘算法主要用于文本数据的挖掘，例如情感分析、主题建模、文本分类和文本摘要等。

（7）基于图像的挖掘算法：基于图像的挖掘算法主要应用于图像识别和图像分析领域，如图像分类、目标识别和图像分割等。

2.1.2.6 大数据可视化技术

随着大数据技术的不断发展，数据的规模、维度和出现速度呈现出爆炸式的增长，导致数据的可视化成了对数据进行理解和应用的必要工具，因而，大数据可视化技术应运而生。在本书中，我们将阐述大数据可视化技术的定义、核心要素、应用场景，以及存在的问题和发展趋势。

大数据可视化技术是指将大数据转化为可视化的表格、图像和其他视觉元素，并利用交互式工具对数据进行探索和分析的过程。大数据可视化技术不仅可以呈现大数据的复杂性、多样性和规律性，还可以发现数据中隐藏的信息和关联性，并以图形化的方式进行知识传递。这种技术使业务用户更易于对数据进行理解和应用，从而促进了信息服务、智能决策、科学研究和商业竞争等方面的发展。

大数据可视化技术的核心要素包括以下几点。

（1）数据来源：大数据可视化技术需要从多个数据源中获取数据，涵盖了包括结构化、半结构化和非结构化数据在内的各种类型的数据。

（2）大数据存储和处理：大数据可视化技术需要高效的大数据存储和处理能力，可以通过分布式计算、内存计算和云计算等技术实现。

（3）数据可视化工具和库：数据可视化需要采用专业的工具，例如 Tableau、D3. js 等，这些工具可以绘制各种类型的表格和图形，支持用户对大数据进行探索和分析。

（4）交互式可视化：交互式可视化允许用户自由探索数据，具有缩放、移动、旋转和筛选等功能，可以帮助用户更好地理解和利用数据。

当前，大数据可视化技术有以下发展趋势。

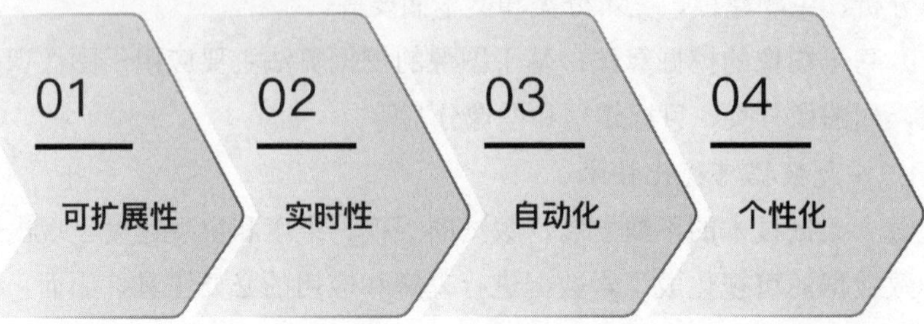

（1）可扩展性：随着数据量不断增加，大数据可视化技术需要有更好的可扩展性，支持快速的数据可视化和交互分析。

（2）实时性：随着数据的实时性需求越来越高，大数据可视化技术的实时性也将得到提升，使用户在实时性分析上更为迅速和准确。

（3）自动化：大数据可视化技术将趋于自动化，通过机器学习和人工智能等技术，快速发现数据中的模式和趋势，并通过自动适应性算法供决策者使用。

（4）个性化：大数据可视化技术将逐渐向个性化发展，通过标记用户喜好、挖掘用户实际需求，进行更加智能的分析，帮助用户更好地利用数据。

2.1.2.7 大数据安全技术

大数据安全技术是指建立安全的大数据存储和应用环境，保护大数据的机密性、完整性、可用性和可靠性，以防止大数据遭受恶意攻击、非法访问、数据泄露等安全威胁，从而确保大数据的安全和可靠。随着互联网、云计算、物联网等技术的广泛应用，大数据已经成为企业和机构的核心资产，也出现了不小的安全威胁，因此大数据安全技术变得尤为重要。

大数据安全技术的核心技术包括以下几个方面。

（1）访问控制：访问控制是指制定有关用户对数据进行访问和使用的规则和限制，以确保数据只被授权的人员访问和使用。

（2）数据加密：数据加密是指对大数据中的敏感数据进行加密处理，防止数据遭到恶意窃取和攻击。

（3）数据备份和恢复：数据备份和恢复是指对数据进行完整性备份和快速可恢复性规划，一旦数据发生破坏或丢失，可快速恢复数据。

（4）安全漏洞检测：安全漏洞检测是指通过安全评估工具和技术，识别出大数据环境中的漏洞，及时进行修补，防止黑客利用漏洞进行攻击。

（5）安全日志分析：安全日志分析是指对大数据系统的安全事件进行日志记录和审计，并对记录和审计的日志进行分析，提高系统的安全性。

未来大数据安全技术的发展趋势有以下几点。

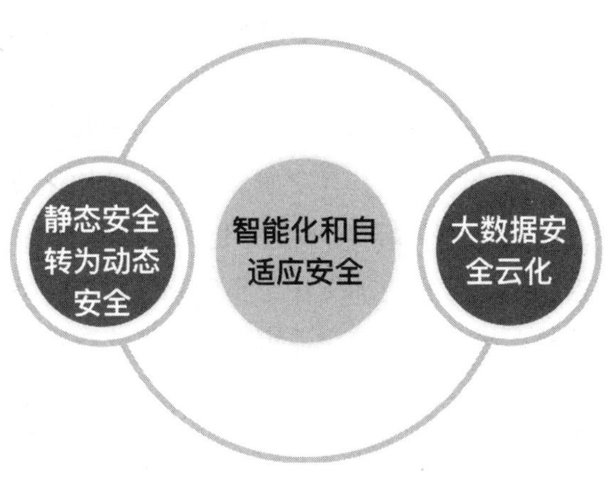

（1）静态安全转为动态安全：静态安全技术的主要目标是保护数据库和系统，但是对于网页、应用程序等动态数据，现有的静态安全技术显得无能为力，未来大数据安全技术将逐步转向动态安全，实现更细致的控制和更高效的安全响应。

（2）智能化和自适应安全：随着人工智能和自适应技术的发展，未来的大数据安全技术将实现更自动化、自适应、快速响应的安全保护。

（3）大数据安全云化：大数据的云化已经成为一个趋势，而基于云计算的大数据安全云化也将成为未来发展的重点。

这些趋势将为大数据安全保护提供更高效的解决方案。

随着大数据的发展，大数据的处理技术也将越来越完善。从目前看，这一趋势在未来几年内还将继续发展。预计未来几年的大数据处理技术将向以下几个方向发展。

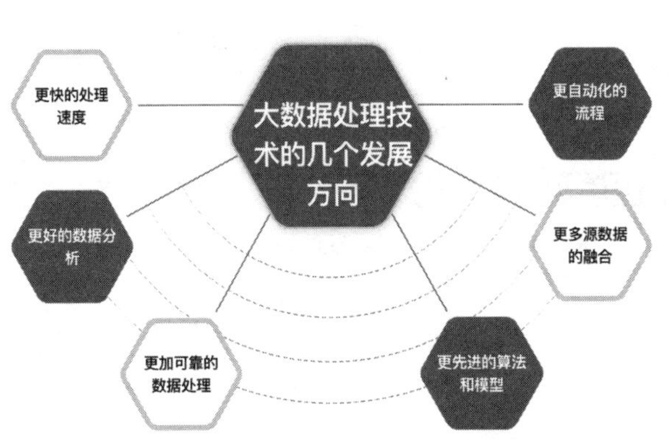

（1）更快的处理速度：随着数据量的增大，快速的处理速度会越来越重要。未来的大数据处理技术将会在处理速度方面进行优化。例如，采用更多的并行计算、使用体系结构更为高效的硬件等。

（2）更好的数据分析：未来的大数据处理技术将会更加重视数据分析的能力。未来的数据处理技术将会通过采用更加智能的算法、使用更加先进的数据挖掘技术、结合机器学习等，来实现更为深入的数据分析。

（3）更加可靠的数据处理：随着数据的使用范围不断扩大，数据的安全性和可靠性也将成为重要的问题。未来的大数据处理技术将会在数据的安全性和可靠性方面进行优化，例如采用更为先进的数据隐私保护技术，增强数据的可靠性和安全性。

（4）更先进的算法和模型：未来的大数据挖掘技术将专注于改进和开发新的算法和模型。这些算法和模型将包括更加高效的分类算法、更加准确的聚类算法、更为灵活的回归算法等。

（5）更多源数据的融合：随着数据源的增多和类型的多样化，未来的大数据挖掘技术将重点关注多源数据的融合，如结合传感器数据、社交媒体数据、结构化数据等，将不同类型的数据源汇聚起来，做更为全面和精准的数据分析。

（6）更自动化的流程：未来的大数据挖掘技术将更加专注于自动化流程，从数据清洗、数据预处理、特征选择、模型选择、模型优化等全流程进行智能化自动完成，提高分析效率和精度。

2.1.2.8 Hadoop 生态系统简介

Hadoop 生态系统是一个完整的大数据解决方案，在存储、计算、数据处理、数据仓库、实时流处理、查询和可视化方面都提供了非常丰富和高效的组件。Hadoop 生态系统的主要优势在于其高扩展性、高可用性和高灵活性，可以应对多种大数据应用场景和业务需求。Hadoop 生态系统是建立在 Hadoop 分布式存储和计算基础之上，为大数据的存储、处理、分析、可视化和管理等提供了全方位的支持，是当今最受欢迎、应用最广泛的大数据技术之一。Hadoop 生态系统包括以下组成部分。

2.1.2.8.1 分布式文件系统

Hadoop 分布式文件系统（Hadoop Distributed File System, HDFS），是 Hadoop

生态系统的一个主要组成部分，旨在提供可靠的分布式存储服务，支持大规模数据处理应用。它适用于一次写入、多次读取的数据访问场景，特别是以流式数据为主的数据处理应用程序。

HDFS 的设计理念是以容错性和可扩展性为核心，将文件划分成数据块，并复制到多个节点上进行存储，从而实现高可用性和容错性。同时，HDFS 的横向扩展设计允许添加服务器进行扩展，这使其能够水平扩展到数千台服务器，并处理 PB 级别的数据规模。

HDFS 由三个核心组件组成。

1）NameNode

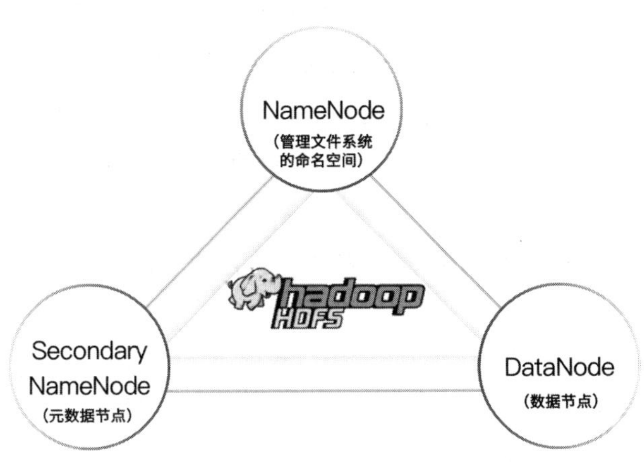

NameNode 是 HDFS 的主要组件之一，它是整个分布式文件系统的控制中心。它可以存储文件元数据信息，例如文件名、修改和访问时间、文件权限以及数据块的位置等。当客户端请求访问一个文件时，NameNode 负责返回有关该文件和相关块的信息。其包括以下功能。

（1）管理数据块：NameNode 将每个文件分成块（默认情况下为 64MB），并将块的位置信息记录在文件系统图中。

（2）管理文件系统的命名空间：NameNode 确定特定文件或目录的关联位置。管理 NameNode 中的查找表（例如，目录名称到文件 ID 的映射）和遍历文件系统所需的状态信息。

（3）数据块和集群状态管理：负责复制数据块（默认情况下为 3 个），选择可用节点来存储数据块，并在 DataNode 发生错误时重复副本。

2）DataNode

DataNode 是 HDFS 的第二个核心组件，它负责存储文件的数据块。每个数据块都有多个副本，它们存储在多个 DataNode 上，以确保数据的容错性。DataNode 通知 NameNode 哪些数据块可用，并在不再需要数据块时通知 NameNode 将其标记为可用。其包括以下功能。

（1）存储数据块的副本：DataNode 负责在其本地磁盘上存储 HDFS 数据块的副本。

（2）心跳和状态汇报：DataNode 定期向 NameNode 发送心跳，向其报告其状态和可用数据块的位置。

（3）启动数据块的传输：负责启动数据块之间以及 DataNode 之间的传输。

3）Secondary NameNode

Secondary NameNode 是一个辅助组件，用于定期备份 NameNode 的元数据（metadata）到本地磁盘。其包括以下功能。

（1）元数据备份：Secondary NameNode 定期备份 NameNode 的元数据，包括文件系统的命名空间和每个文件的状态信息。

（2）解决内存问题：Secondary NameNode 可以在定期的时间间隔内，将 NameNode 的部分元数据备份到本地磁盘，然后在 NameNode 启动时将其加载回内存中。这减轻了 NameNode 的内存需求，从而提高了系统的稳定性和可靠性。

（3）辅助 NameNode 运行：例如，在对系统进行调整时，Secondary NameNode 可以在 NameNode 离线时进行元数据备份，并会在 NameNode 再次启动时将其加载回内存中。

以上三个组件协同工作，形成了一个具有高度容错性，并且能够扩展的存储方案。

HDFS 集群的部署和配置。

（1）安装 Hadoop：下载和安装适合自己系统的 Hadoop 安装包。

（2）配置 Hadoop：修改配置文件以适应本地环境，特别是要关注 hdfs-site.xml，core-site.xml 和 mapred-site.xml 三个文件的配置。

（3）启动 Hadoop：启动 NameNode 和 DataNode，让集群正常运行。

安装和配置 Hadoop 以后，可以使用 HDFS 的命令行界面来管理和操作存储在 HDFS 上的数据。命令行界面可以使用 Hadoop 安装目录下的 bin 目录下的 hadoop 命令来访问。例如，要列出 HDFS 上的所有文件和文件夹，可以使用 hadoop fs-ls/ 命令。

另一种使用 HDFS 的方法是使用 Hadoop 分布式文件系统的 API 函数。API 函数可以使用 Java 或其他支持 Hadoop 的编程语言来调用。此外，Hadoop 还提供了各种 API，例如文件访问 API、文件系统 API、文件状态 API、元数据 API、目录 API 等。例如在 HDFS 上创建一个新目录的 Java 程序如下：

```
import org.apache.hadoop.fs.FileSystem;
import org.apache.hadoop.fs.Path;

```

```
    public class DirectoryCreate {
    public static void main(String[] args) {
        try {
            Path newFolderPath = new Path("/newfolder");
           FileSystem hdfs = FileSystem.get(new HadoopConficuration());
            if (hdfs.exists(newFolderPath)) {
                // 文件夹已经存在
              System.out.println(" 目录 " + newFolderPath + " 已存在。");
                return;
            }
            // 创建一个新目录
            hdfs.mkdirs(newFolderPath);
            System.out.println(" 已创建新目录 " + newFolderPath);
        } catch (Exception e) {
            e.printStackTrace();
        }
    }
    }
```

命令行一般用来进行最基本的API调用测试和验证，而Java API适合进行更复杂的数据处理和文件管理任务。

2.1.2.8.2 计算系统

Hadoop计算系统是另一个核心组件，MapReduce是Hadoop计算系统的编程框架，提供了一种分布式计算的编程模型，可以帮助用户简化大规模数据处理的开发流程。MapReduce通过将作业分解成独立的任务，并在不同节点上进行计算，从而实现高效的大规模数据处理。MapReduce还提供了严格的容错、优化调度和结果合并等功能。

MapReduce将计算大致分为三个阶段——Map阶段、Shuffle阶段和Reduce阶段，使数据可以在不同的节点上进行分配和处理，显著提高了数据处理的效率。Map Reduce框架的工作原理大致如下。

（1）Map制表：数据被输入到Map函数中。该函数将数据切分为多个键值对（key-value），并将其输出作为中间值或缓存。

（2）Shuffle（数据分组）阶段：处理中间结果。Shuffle阶段是将Map生成的中间结果按照Key进行分组，即将所有相同key的中间结果分为同一组，以提高并行度。

（3）Reduce：Reduce 获取 Shuffle 输出的数据，并对其进行处理。其输出结果存储在存储系统中或直接提供给用户。

MapReduce 将所有的输入数据分成若干个小数据块，然后在每台计算机的内存中生成中间键值对文件。Map 操作将输入切割成许多小的键值对，这些键值对通常表现为（key，value）的形式。key 表示键，value 表示所对应的值。一份输入数据可能会生成多个键值对，key 的出现次数也可能是不同的。

Map 操作是并行执行的。为了提高处理效率，MapReduce 会将输入文件切分为等值的数据块，并分配到多台计算机中去处理，这样每台计算机就可以使用本地 IO 等速度稍快的方法来读取数据，这样可以更快地读取数据，同时能够根据需要在不同时间点并行启动多个 Map 操作。

使用 MapReduce 方法的具体步骤如下。

Step1：编写 Map 函数。MapReduce 模型的第一个步骤是将输入数据拆分成小的数据块，并将这些块分配给不同的 map 任务。在每个 map 任务中，需要编写一个 Map 函数，在数据块中提取关键字并进行处理。以下是一个简单的 Map 函数的示例，可以将输入文本数据行拆分为单词，并计算每个单词在文本中出现的次数。

```
    def mApper(key, value):
for word in value.split():
    yield word, 1
```

Step2：编写 Reduce 函数。在 Map 函数执行之后，MapReduce 会将所有的输出数据根据键值进行分组，并将每个键值对应的所有数据传递给一个 Reduce 函数。在 Reduce 函数中，可以对传递给 Reduce 函数的值进行合并和汇总。以下是一个简单的 Reduce 函数的示例，可以对单词出现次数进行计数。

```
    def reducer(key, values):
yield key, sum(values)
```

Step3：编写 MapReduce 作业。在实际应用中，需要将 Map 函数、Reduce 函数和输入数据组合成一个完整的 MapReduce 作业，并将其提交给 Hadoop 集群进行执行。使用 Hadoop 提供的命令行工具或 Hadoop 的 Python API 提交 MapReduce 作业。以下是一个使用 Python 编写的简单的 MapReduce 作业的示例。

```
    from mrjob.job import MRJob

    class WordCount(MRJob):
  def mApper(self, _, line):
    for word in line.split():
      yield word, 1
  def reducer(self, word, counts):
    yield word, sum(counts)

    if __name__ == '__main__':
 WordCount.run()
```

2.1.2.8.3 批处理计算框架（Spark）

Spark 是一个快速的大数据处理引擎，它建立在 Hadoop 计算系统之上，提供了一个可编程的批处理计算框架。Spark 能够高效地处理海量数据，并支持分布式机器学习、图计算和流式数据处理。Spark 采用了内存计算机制，比传统基于磁盘的批处理计算效率更高，并且支持多种编程语言，如 Java、Python 和 Scala 等。Spark 是在 Hadoop 生态系统之外出现的大数据计算框架，具有高效、可靠且易于使用的特点。Spark 提供了一种内存计算模型，因此比 Hadoop MapReduce 更快，并支持各种语言（Scala、Python 和 Java）。

Spark 使用弹性分布式数据集（RDD）作为其基本的数据抽象。RDD 是一个可变的分布式数据集合，其可在内存中进行快速计算，也可以将其存储到磁盘上以处理更大的数据集。

Spark 主要包括以下三个组件。

（1）Driver Program（驱动程序）：驱动程序是 Spark 应用程序的顶层控制器，其主要负责协调集群中的任务。驱动程序通常由用户编写，并在 Spark 集群中提交。Spark 集群可用于执行大规模并行计算工作负载，并可使用 Hadoop 和 Apache Mesos 等资源管理器来管理集群内的计算资源。

（2）Executor（执行器）：Executor 是 Spark 集群中执行工作的后台进程。每个任务可能会有多个 Executors，Executors 可以在不同的计算机上以子进程的方式启动并通过网络与驱动程序进行通信。Executor 使用浅复制的方式将 RDD 的数据存储在本地内存或磁盘上。因此，Executor 提高了数据访问和计算速度。

（3）Cluster Manager（集群管理器）：集群管理器负责在整个集群上分配 Executor。Spark 支持使用 Standalone、Hadoop YARN、Apache Mesos 作为其集群

管理器。

Spark 在执行函数式 Map 操作和 Reduce 操作时的处理方式与 Hadoop MapReduce 相似。但是相比于 Hadoop + MapReduce，Spark 具有更快的速度和更好的 IO 性能。在 MapReduce 中，Map 和 Reduce 操作分开运行；而在 Spark 中，多个计算操作被合并在一起作为一个作业运行，并且在 RDD 上以内存计算模型的方式实现。

Spark 的组成部分如下。

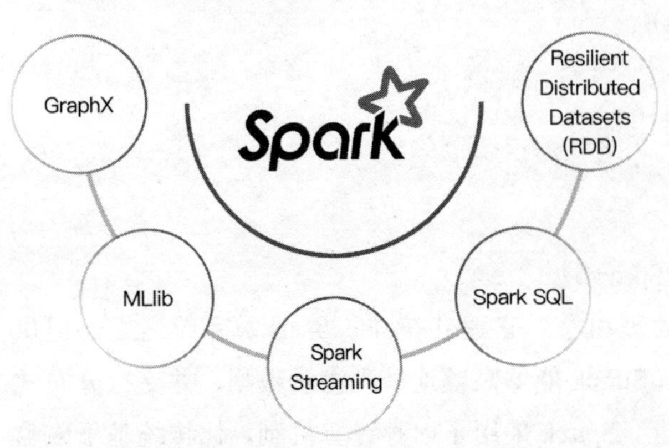

（1）Resilient Distributed Datasets（RDD，弹性分布式数据集）：RDD 是 Spark 应用程序中的一个抽象概念，是一个具有分区的、可扩展的、具有容错性的以及程序员可控的内存数据集合。RDD 可以存储在内存或磁盘中，并通过缓存函数来管理它的存储方式。RDD 提供了一组转换操作，例如 Map、reduce、filter 等，使其具有类似于函数式编程的能力。

（2）Spark SQL（结构化数据处理组件）：Spark SQL 是一种以关系型 SQL 查询为重点的 Spark 模块，可以通过 RDD 完成数据的操作，同时支持多种数据源，例如 Parquet、Hive、avro、JSON 等。Spark SQL 还提供了用于连接关系型数据和 RDD 的接口。

（3）Spark Streaming（微批处理的流处理引擎）：Spark Streaming 是 Spark 生态系统中的一个重要模块，可在实时数据流处理方面使用。Spark Streaming 支持流数据的输入，例如 Kafka、Flume 和 Twitter，并将其转换为小批量的 RDD 数据处理指令，以实现实时流处理。

（4）MLlib（算法库）：MLlib 是 Spark 机器学习库之一，其提供了大量的机器学习算法，例如分类、回归、聚类和协同过滤等。通过 MLlib，Spark 可以在 Seconds 级甚至是 Subseconds 级中完成机器学习。

（5）GraphX（图计算库）：GraphX 是 Spark 生态系统中用于处理图形数据的 API。通过 GraphX，Spark 可以非常方便地对图形数据集合进行操作和分析，例如社交网络或图数据库。

Spark 具有以下一些优点。

（1）高速处理：Spark 使用内存计算模型，因此比 Hadoop MapReduce 更快，而且可以实时处理数据。内存计算模型可以大大提高 Spark 处理大型数据集的速度。在数据需要多次访问的情况下，内存中的处理方式可以实现更快的数据访问和处理速度，进而具有更快的处理速度。

（2）易于使用：由于 Spark 支持多种编程语言，例如 Scala、Python 和 Java，因此 Spark 易于使用和学习。Spark 提供了高级 API 和库，例如 Spark Streaming、MLlib 和 GraphX，这些 API 和库为开发人员提供了方便和快捷的编程工具。

（3）易于扩展：Spark 的可扩展性非常强，支持不同数目的计算节点。Spark 还提供了 API 和工具，以便于扩展计算集群规模，可以更好地满足不同的计算工作负载需求。

（4）容错性好：Spark 的容错性非常好，其内部使用 RDD 抽象层次和使用 DAG（有向无环图）作为工作流程图表示计算任务。如果 RDD 数据在处理中丢失或损坏，Spark 可以很容易地从其他节点重新创建数据。因此，即使有节点快速故障，Spark 仍可以保证在不重新启动作业的情况下继续处理数据。

Apache Spark 使用的基本步骤：

（1）安装 Apache Spark。首先，需要下载和安装 Apache Spark。您可以从 Apache Spark 的官方网站上下载和安装最新版本。在安装之前，要确保安装了 Java 运行环境。

（2）启动 Spark 集群。使用 spark-submit 命令来启动 Spark 集群。该命令将提供应用程序的名称、应用程序的执行文件名以及其他参数。它可以通过以下命令来完成。

```
1.    ./bin/spark-submit --class <main-class> --master <master-url> --executor-memory <memory> <Application-jar> <Application-arguments>
```

该命令的参数说明如下。

· <main-class>：您的应用程序的主类。

· <master-url>：Spark Master 的 URL。

· <memory>：每个 Spark 执行器的内存数量。

· <Application-jar>：应用程序的 jar 文件。

· <Application-arguments>：应用程序需要的其他参数。

（3）使用 Spark Shell。Spark Shell 是一个交互式的 Shell 环境，它支持 Scala、Python 和 R 程序设计语言。Spark Shell 可以让人快速学习和测试 Spark 的 API。可以使用以下命令启动 Spark Shell。

```
./bin/spark-shell
```

这将启动 Spark Shell 并进入 Spark 环境。在 Spark Shell 中，可以创建 Spark 上下文并使用 Scala、Python 或 R 语言来运行 Spark Job。

以下是一个使用 Spark Shell 运行 Word Count 程序的示例。

```
val textFile = spark.read.textFile("hdfs://...")
val counts = textFile.flatMap(line => line.split(" "))
                .map(word => (word, 1))
                .reduceByKey(_ + _)
counts.saveAsTextFile("hdfs://...")
```

（4）使用 Spark API。使用 Spark API 可以编写 Spark 应用程序来处理大规模数据集。Spark API 支持多种编程语言，包括 Scala、Python 和 Java。以下是一个简单地使用 Spark Scala API 的 Word Count 示例。

```
import org.apache.spark._
import org.apache.spark.SparkContext._
val conf = new SparkConf().setAppName("wordCount")
val sc = new SparkContext(conf)
val textFile = sc.textFile("hdfs://...")
val counts = textFile.flatMap(line => line.split(" "))
                .map(word => (word, 1))
              .reduceByKey(_ + _)
counts.saveAsTextFile("hdfs://...")
```

这个程序首先创建了一个 SparkConf 对象来配置应用程序的名称。接着，它创建了一个 SparkContext 对象来创建 RDD，并对其执行 MapReduce 操作。最后，它将结果保存到 HDFS 中。

2.1.2.8.4 流处理框架（Flink）

Flink 是一个开源的、分布式的、高性能的流处理和批处理框架。Flink 提供了用于处理无限数据流的 DataStream API 和用于处理有限数据集的 DataSet API，同时还提供了灵活的窗口运算和可靠的流处理检查点功能。

Flink 可以精确地控制状态，以便轻松实现 exactly-once 语义，这就是说，每个事件都会在处理中且仅在处理中进行一次处理。Flink 也可以与多种数据源进行整合，如 Apache Kafka 等。

Flink 的基本使用步骤如下：

1）安装和配置 Flink

首先需要在本地或分布式环境下安装和配置 Flink。可以从 Apache Flink 的官方网站上下载最新版本。在下载之前，还需要安装 Java 运行环境。Flink 的配置文件分为两个部分，分别是 flink-conf.yaml 和 log4j.properties 文件。

2）使用 Flink 的 API

使用 Flink 的 API 可以编写流处理和批处理应用程序。Flink 提供了 Java 和 Scala 的接口。Flink 的核心是一个基于流数据的分布式数据流引擎。

DataStream API：DataStream API 适用于流式处理。以下是一个简单地利用 DataStram API 的 Word Count 示例。

```
    Environment env = StreamExecutionEnvironment.getExecutionEnvironment();
    DataStream<String> text = env.socketTextStream("localhost", 9999);
    DataStream<Tuple2<String, Integer>> counts =
     text.flatMap(new FlatMapFunction<String, Tuple2<String, Integer>>() {
        @Override
          public void flatMap(String value, Collector<Tuple2<String, Integer>> out) {
              for (String word : value.split("\\s")) {
```

```
                out.collect(new Tuple2<>(word, 1));
            }
        }
    })
    .keyBy(0)
    .sum(1);
    counts.print();
    env.execute("WordCount example");
```

这个程序首先创建了一个 DataStream 对象，从一个绑定到本地 9999 端口的套接字文本流中读取文本数据。接着，它对文本数据执行 MapReduce 操作，并使用 KeyBy 对数据进行分组。然后，它将结果打印到控制台上。最后调用 env.execute 来启动 job。

DataSet API：DataSet API 适用于批处理。以下是一个简单地利用 DataSet API 的 Word Count 示例。

```
    ExecutionEnvironment env = ExecutionEnvironment.getExecutionEnvironment();
    DataSet<String> text = env.readTextFile("hdfs://...");
    DataSet<Tuplc2<String, Integer>> counts =
     text.flatMap(new FlatMapFunction<String, Tuple2<String, Integer>>() {
        @Override
        public void flatMap(String value, Collector<Tuple2<String, Integer>> out) {
            for (String word : value.split("\\s")) {
                out.collect(new Tuple2<>(word, 1));
            }
        }
    })
    .groupBy(0)
    .sum(1);
    counts.print();
```

该程序首先创建了一个 Execution Environment 对象，并从 HDFS 中读取文本数据。然后，它对文本数据执行 MapReduce 操作，并使用 groupBy 对数据进行分组。最后，它将结果打印到控制台上。

3）使用 Flink 的 WebUI 界面

Flink 提供了 WebUI 界面，操作人员可以使用它来监视 Flink 作业的运行情况。在默认情况下，Flink WebUI 是在本地的 http：//localhost：8081 地址上运行的。通过查看该界面，操作人员可以查看自己作业的各种指标以及日志信息。

总之，Apache Flink 的使用可以通过安装和配置 Flink，使用 Flink 的 API 进行流处理和批处理，以及查看 Flink 的 WebUI 进行监控和调试。对于需要快速响应的实时数据处理场景，Flink 的 DataStream API 可提供高效的流式处理方式。对于增量处理（如持续的流处理任务、事件聚合计算等），Flink 通过构建具有状态容错机制的有向无环图（DAG）来及时处理无限的数据流。对于离线数据处理和预测性分析场景，Flink 的 DataSet API 提供了广泛的数据操作和分析，可称为批处理工作负载。而且动态规划的处理数据模型给 Flink 漂移和连续的数据流提供了一些很强的分析和应用支持。

2.1.2.8.5 数据仓库（Hive）

Apache Hive 是一个基于 Hadoop 的数据仓库，可以将结构化和半结构化的数据转换为可查询的表格式，并提供了类 SQL 查询语言的接口——HiveQL。Hive 可以用于数据汇总、查询和分析，通常用于构建交互式大数据仓库。

Hive 可用于将结构化和半结构化的数据转换为可查询的表格式，并提供了基于类 SQL 的 HiveQL 语言的接口。这种能力使 Hive 成为构建海量交互式数据仓库的有力工具。

1）安装和配置 Hive

Hive 是由 Apache 组织开发的，操作人员可以从 Apache Hive 的官方网站上下载最新版本。在安装之前，操作人员需要安装 Java 运行环境和 Hadoop 分布式文件系统。安装完成后，需要编辑 $HIVE_HOME/conf/hive-site.xml 文件并配置它的关键属性，如 metasore 数据库连接配置等。

2）使用 HiveQL 查询数据

HiveQL 是基于类 SQL 语言的语言，它提供了类 SQL 的数据仓库查询语言。使用 HiveQL，操作人员可以使用类似 SQL 的语法查询 Hive 表中的数据。以下是一个 HiveQL 的基本查询示例。

```
SELECT id, name, salary FROM employee WHERE salary > 5000;
```

该查询选择了名为 employee 的表中工资大于 5000 的雇员的 ID、姓名和工资列。

3）创建和管理 Hive 表

操作人员可以使用 HiveQL 语言创建和管理 Hive 表。以下是一个创建 Hive 表的示例。

```
CREATE TABLE employee (
id INT,
name STRING,
salary FLOAT
)
ROW FORMAT DELIMITED
FIELDS TERMINATED BY ','
STORED AS TEXTFILE;
```

该语句创建了一个名为 employee 的表，它有三个列：id、name 和 salary。

加载数据到 Hive 表中的示例如下：

```
LOAD DATA INPATH '/user/data' INTO TABLE employee;
```

该语句将位于 HDFS 的 /user/data 路径下的输入文件加载到 employee 表中。

4）使用 Hive 查询嵌套数据

Hive 还提供了一种将结构化和半结构化数据（如 JSON 和 XML）转换为表格数据的机制，称为序列化器和反序列化器（SerDe）。操作人员可以使用 SerDe 在 Hive 中创建和查询结构化和半结构化数据。以下是一个查询嵌套数据的示例：

```
SELECT a.name, b.phone
FROM employee a
LATERAL VIEW json_tuple(a.contactInfo, 'phone') b as phone;
```

该查询在 employee 表中查找名为 phone 的 JSON 属性，并在结果集中与名为 name 的列一起显示。

2.1.2.8.6 分布式列数据库（HBase）

Apache HBase 是一个开源的面向列的分布式数据库，设计用于储存和处理大规模非结构化和半结构化数据。HBase 是基于 Google 的 Bigtable 论文，使用 Hadoop 作为其底层的分布式文件系统（HDFS）和分布式计算框架（MapReduce）。

1）安装和配置 HBase

操作人员可以从 Apache HBase 的官方网站上下载最新版本。在安装之前，操作人员需要先安装和配置 Java 运行环境和 Hadoop 分布式文件系统。

在安装 HBase 后，操作人员需要对 HBase 进行配置，主要包括将 HBase 连接到 ZooKeeper 和配置 HDFS 等参数。

2）HBase 架构

HBase 架构由多台服务器组成，每台服务器称为 HBase RegionServer。每个 RegionServer 负责处理集群中的特定数据集（称为 HBase 表）。每个表可以分成多个 HBase Region，每个 HBase Region 又可以跨多个 RegionServer 副本。

HBase 的由下至上的架构如下所示。

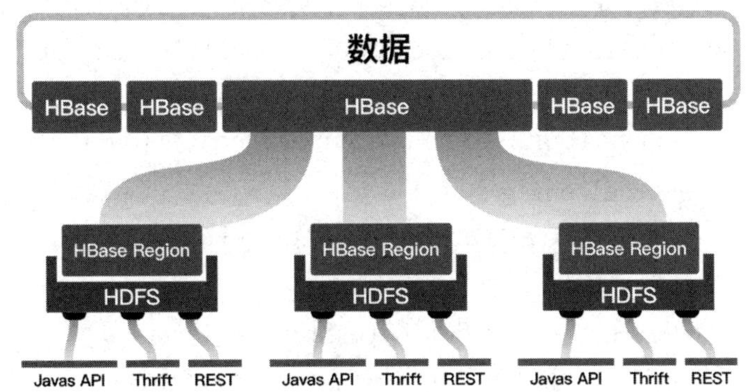

· 数据由 HBase 表组成。

· 每个 HBase 表可以分成多个 HBase Region。

· 每个 HBase Region 存储在一个 HDFS 文件上，可以跨多个 HBase RegionServer 复制。

· Javas API、Thrift 和 REST 等 API 可以访问 HBase 的数据存储。

3）使用 HBase

HBase 提供了 Java API、REST API 和 Thrift API，这些 API 使开发人员可以使用各种语言访问 HBase。开发人员可以使用这些 API 在 HBase 中存储、修改和检索数据。以下是一个使用 Java 代码访问 HBase 的示例：

```
import org.apache.hadoop.conf.Configuration;
import org.apache.hadoop.hbase.Cell;
import org.apache.hadoop.hbase.CellUtil;
import org.apache.hadoop.hbase.HBaseConfiguration;
```

```java
import org.apache.hadoop.hbase.TableName;
import org.apache.hadoop.hbase.client.Connection;
import org.apache.hadoop.hbase.client.ConnectionFactory;
import org.apache.hadoop.hbase.client.Get;
import org.apache.hadoop.hbase.client.Result;
import org.apache.hadoop.hbase.client.Table;
import org.apache.hadoop.hbase.util.Bytes;
import java.io.IOException;

public class HBaseExample {
public static void main(String[] args) throws IOException {
    Configuration config = HBaseConfiguration.create();
    config.set("hbase.zookeeper.quorum", "localhost:2181");
    config.set("hbase.zookeeper.property.clientPort", "2181");

        try (Connection connection = ConnectionFactory.createConnection(config)) {
            Table table = connection.getTable(TableName.valueOf("emp"));
            Get get = new Get(Bytes.toBytes("row1"));
            Result result = table.get(get);
            for (Cell cell : result.rawCells()) {
                String columnFamily = Bytes.toString(CellUtil.cloneFamily(cell));
                String qualifier = Bytes.toString(CellUtil.cloneQualifier(cell));
                String value = Bytes.toString(CellUtil.cloneValue(cell));
                System.out.println(columnFamily + ":" + qualifier + " = " +
        }
    }
}
}
```

该示例使用 HBase Java API 来访问名为 emp 的 HBase 表，获取 row1 行的数据，并显示每个列族、限定符和值的内容。

4）HBase 应用场景

Apache HBase 用于存储、管理和访问半结构化和非结构化数据。HBase 适合用于需要快速、可扩展、可靠存储和访问海量数据的应用程序，原因如下。

（1）HBase 易于扩展和水平伸缩，可以处理包含几十亿行和列的大规模数据集。

（2）HBase 支持原子操作，可以确保数据的一致性和完整性。

（3）HBase 可以支持低延迟和高吞吐量查询，例如随机访问和实时流处理。

基于这些特点，以下是一些最常见的 HBase 应用场景。

（1）日志数据的收集和分析，例如 Web 服务器日志、应用程序日志、安全日志等。

（2）个人化内容推荐，例如社交媒体、电子商务平台和信息门户网站等。

（3）实时流处理和事件驱动的应用程序，例如流媒体、物联网和实时推荐系统等。

（4）非结构化和半结构化数据的存储和处理，例如图像、音频、文本和视频数据等。

（5）数据库缓存和缓存加速器，例如 NoSQL 数据库等。

2.1.2.8.7 流处理管道（Kafka）

Kafka 是一个高吞吐量的分布式发布 - 订阅系统，也是 Hadoop 生态系统中的重要组成部分。Kafka 为应用程序提供高性能、低延迟的消息处理服务，并支持消息的持久化存储。作为一个分布式流处理管道，Kafka 可以承载海量的实时数据，并将其传递到其他系统中进行处理和分析，如 Spark、Flink 等。Kafka 可以实时地处理数据和消息，支持流处理、实时分析和实时应用。

Kafka 具有以下几个技术特点。

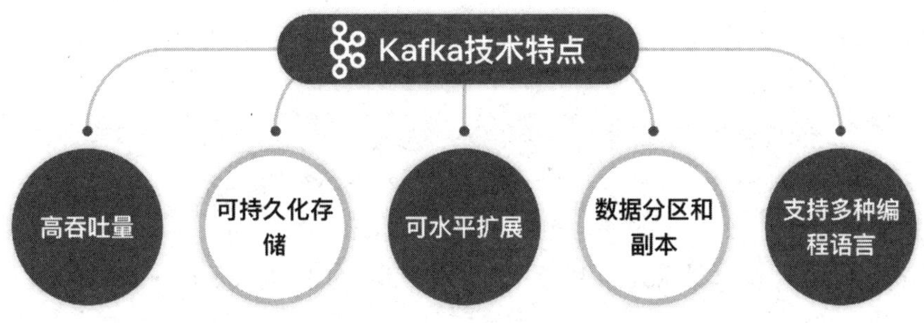

（1）高吞吐量：Kafka 通过异步 I/O 和批量发送等技术，可以实现高效的数据传输和存储。

（2）可持久化存储：Kafka 能够将数据存储在磁盘上，保证数据的可靠性和持久性。

（3）可水平扩展：Kafka 可以通过增加 Broker、Partition 和 Consumer 等方式进行水平扩展，支持高并发和大规模数据处理。

（4）数据分区和副本：Kafka 将数据分为多个 Partition，每个 Partition 可以有多个副本，可以有效地保证数据的冗余和可用性。

（5）支持多种编程语言：Kafka 提供了多种编程语言的客户端库，可以方便地使用 Java、Python、Scala 等语言进行开发和集成。

在使用 Kafka 之前，需要了解以下基本概念。

· Topic：Kafka 中的数据分类，是一个逻辑概念。同一个 Topic 包含若干个 Partition。

· Partition：Kafka 中数据存储的基本单位，是数据存储的实体，一个 Topic 可以分多个 Partition。

· Broker：Kafka 的核心服务，用于承载 Kafka 的数据存储、传输、处理和服务等功能。

· Producer：将 Kafka 写入数据的客户端，用于产生消息并发送到 Kafka 中。

· Consumer：读取 Kafka 中数据的客户端，用于消费消息数据并处理数据。

Kafka 的使用方法包括以下几个步骤。

（1）安装 Kafka：可以通过下载 Kafka 的二进制包进行安装，也可以使用 Docker 容器进行安装。这里以 Ubuntu Linux 为例，安装步骤如下。

①下载 Kafka：在 http：//kafka.apache.org/downloads 上下载最新的 Kafka 二进制包，例如 kafka_2.13-2.8.0.tgz。

②解压 Kafka：使用 tar 命令解压 Kafka 压缩包，例如：tar-xzf kafka_2.13-2.8.0.tgz。

③启动 Kafka：进入解压后的 Kafka 目录，使用以下命令启动 Kafka 服务。

```
cd kafka_2.13-2.8.0
bin/kafka-server-start.sh config/server.properties
```

这会启动一个本地 Kafka 服务，使用默认的配置（Zookeeper 链接地址为 localhost：2181）。

（2）在 Kafka 中，数据通过 Topic 进行分类和存储。在使用 Kafka 之前，需要先创建需要的 Topic。以下是一个使用 Python 创建 Topic 的示例：

```
from kafka.admin import KafkaAdminClient, NewTopic
admin_client = KafkaAdminClient(bootstrap_servers="localhost:9092", client_i
topic_list = [
    NewTopic(name="test_topic", num_partitions=3, replication_factor=1)
]
```

在上面的示例代码中，使用 admin_client 实例创建了一个名为 test_topic 的 Topic，其中 num_partitions 表示 Topic 的分区数量，replication_factor 表示副本数。

（3）发送消息：使用 Producer 向 Kafka 发送消息，并指定 Topic 和 Partition 等信息。示例如下：

```
from kafka import KafkaProducer

producer = KafkaProducer(bootstrap_servers='localhost:9092')
for i in range(100):
    producer.send('test_topic', key=b'key', value=bytes('message %d' % i, encoding='utf-8'))
producer.close()
```

（4）接收消息：发送消息后，可以使用 Kafka 的消费者从 Topic 中订阅和读取消息，以下是一个使用 Python 消费消息的示例。

```
from kafka import KafkaConsumer

consumer = KafkaConsumer(
'test_topic',
bootstrap_servers=['localhost:9092'],
auto_offset_reset='earliest',
enable_auto_commit=True,
group_id='my-group',
value_deserializer=lambda x: x.decode('utf-8')
)
```

```
for message in consumer:
print(message.value)
consumer.close()
```

在上面的示例代码中，使用KafkaConsumer实例从test_topic中订阅并读取了发送的100条消息。

2.1.2.8.8 大数据分析平台（Impala）

Impala是一个高性能的SQL查询引擎，它使用MPP（Massively Parallel Processing）技术和分布式计算机集群，对Hadoop分布式文件系统（HDFS）、Apache HBase和Amazon简单存储服务（S3）中的数据进行实时查询。Impala提供了类似于SQL的语法，并能以秒级响应SQL查询，使用户能够快速、直接地进行交互式数据分析和探索，而无须使用批处理或指令式查询语言。

（1）安装和配置Impala：操作人员可以从Apache Impala的官方网站上下载最新版本。在安装Impala之前，需要先在集群上安装和配置Hadoop和HDFS。安装完Impala后，操作人员需要为Impala加载元数据，这些元数据包括表和分区信息等。操作人员需要配置Impala守护进程以让它们访问元数据。

（2）使用Impala查询数据：Impala提供了一个SQL查询引擎，您可以使用SQL语法查询和分析数据，Impala清楚地理解SQL语言中可用的所有常规语句以及数据类型、函数和运算符等。

以下是一个Impala的基本查询示例：

```
SELECT column1, COUNT(*) FROM table_name WHERE column2 > 100 GROUP BY column1;
```

该查询选择了名为table_name的表，其中column2大于100，并根据column1列分组，并使用COUNT函数对每组计数。

（3）创建和管理Impala表：操作人员可以使用Impala SQL语句来创建和管理表。在Impala中，表是由Hadoop分布式文件系统上的物理文件组成的。以下是一个创建表的示例：

```
CREATE TABLE employee (
id INT,
name STRING,
```

```
    salary FLOAT
    ) LOCATION '/user/hive/warehouse/employee';
```

该语句创建了一个名为employee的表，它有三个列，即id、name和salary，并将其存储在HDFS上的/user/hive/warehouse/employee目录中。

以下是一个在Impala表中加载数据的示例：

```
    LOAD DATA INPATH '/user/data' INTO TABLE employee;
```

该语句将存储在HDFS的/user/data路径下的输入文件加载到employee表中。

（4）使用Impala进行高效查询：Impala依靠多个服务和其他计算机资源来实现高效查询。例如，Impala使用多个进程来提高吞吐量；每个查询进程都是一个单独的JVM进程。Impala还利用Hadoop分布式文件系统（HDFS）的数据本地性，在计算资源节点上近距离存储和处理数据，从而最大限度地减少了数据移动的成本。

Impala还使用预取、数据过滤和列式存储等技术来最大限度地提高查询性能。

2.1.2.8.9 消息总线（ZooKeeper）

ZooKeeper是一个开源的分布式协调服务，它旨在使大型分布式系统更简单、更可靠。ZooKeeper提供了一个高性能的中心化服务，用于管理和协调分布式应用程序的配置、元数据、状态和信息。ZooKeeper分布式应用程序的实例可以使用它来感知其他实例或透明地协调操作。

1）安装和配置ZooKeeper

您可以从Apache ZooKeeper的官方网站上下载最新版本。ZooKeeper通常是与其他大数据技术一起使用的，例如Hadoop和HBase。在安装ZooKeeper之前，需要先安装和配置Java运行环境和Hadoop分布式文件系统。操作人员需要编辑$ZOOKEEPER_HOME/conf/zoo.cfg文件并配置它的关键属性，如ZNode位置等。

2）ZooKeeper架构

ZooKeeper架构由多个服务器组成，其中最少有三个服务器，称为ZooKeeper集合。ZooKeeper集合使用ZAB（ZooKeeper Atomic Broadcast）协议来保持分布式一致。ZooKeeper集合中的服务被分为两种类型。

（1）Leader服务器：处理客户端请求和修改的服务器。

（2）Follower服务器：按照Leader服务器提供的更新进行备份的服务器。

客户端通过ZooKeeper API连接到ZooKeeper集合，并使用ZNode和Watcher

等概念来管理和监视集合中的数据操作和事件通知。

3）使用 ZooKeeper

ZooKeeper 提供了 API，使开发人员可以通过编程语言（如 Java）连接到 ZooKeeper。开发人员可以使用中心服务器存储和管理数据，并监视 ZNode 上发生的更改。以下是一个编写 Java 程序连接到 ZooKeeper 的示例：

```java
import org.apache.zookeeper.*;
import org.apache.zookeeper.data.Stat;
import java.io.IOException;
import java.util.Arrays;
import java.util.List;

public class ZooKeeperExample {

private static final int SESSION_TIMEOUT = 3000;
private Watcher watcher;
private ZooKeeper zk;

public static void main(String[] args) {
    ZooKeeperExample example = new ZooKeeperExample();
    example.connect("127.0.0.1:2181");
    example.listZNodes("/");
    example.close();
}

private void connect(String hosts) throws IOException, InterruptedException {
    watcher = new Watcher() {
        public void process(WatchedEvent event) {
            System.out.println("Event: " + event.toString() + "\n");
        }
    };

    zk = new ZooKeeper(hosts, SESSION_TIMEOUT, watcher);

```

```
            System.out.println("Connected to ZooKeeper...");
        }

        private void close() throws InterruptedException {
            zk.close();
            System.out.println("Connection closed...");
        }

        private void listZNodes(String path) throws KeeperException, InterruptedException {
            List<String> children = zk.getChildren(path, watcher);
            System.out.println("Children of " + path + ":");
            for (String child : children) {
                String fullPath = path.equals("/") ? "/" + child : path + "/" + child;
                System.out.println(fullPath);
                listZNodes(fullPath);
            }
        }
    }
```

该程序创建了一个 ZooKeeper 链接，列出了 ZooKeeper 服务器上所有 ZNode 的路径和名称。

2.1.2.8.10 数据可视化平台（Apache Superset）

Apache Superset 是一个现代化、直观和交互式的数据可视化平台，可以帮助用户通过 Web 应用程序探索和可视化数据集，以及创建和共享直观的数据仪表板，并与其他用户分享数据图表。Apache Superset 以 Apache 许可证开源，并由 Apache 软件基金会管理。

1）安装和配置 Apache Superset

操作人员可以从 Apache Superset 的官方网站上下载最新版本。在安装之前，需要检查所需的 python 和 node.js 版本，并安装 Python 和 node.js 支持库。

安装完成后，需要配置 Apache Superset 数据库连接，如 MySQL、PostgreSQL 或 SQLite。只需添加数据库连接字符串和相关凭据等信息，Apache Superset 就可以自动进行连接和执行查询。

2）Apache Superset 架构

Apache Superset 使用 Flask Python Web 框架构建，支持多个关系型数据库引擎，包括 MySQL、PostgreSQL、Oracle、Microsoft SQL、SQLite 和 Amazon Redshift。Apache Superset 支持多种类型的数据可视化，包括折线图、柱状图、饼图、地图、热图和数值图表。

Apache Superset 具有以下特点。

（1）敏捷性：随意探索数据，创建仪表板，并自适应地修改仪表板。

（2）安全性：实施访问控制和自定义身份验证。

（3）多租户：多个用户和组可以使用 Apache Superset 访问、共享和查看数据集。

（4）在线分析处理（OLAP）：支持 OLAP 立方体和钻取操作，以及多维数据分析。

3）使用 Apache Superset 进行数据可视化

Apache Superset 提供了一个易于使用的 Web UI，可以让用户使用 SQL 或图形化界面创建和管理数据可视化。用户可以使用图形化界面新建一个仪表板，并添加不同的可视化组件，例如图表、指标表、文本框、进度条等。

以下是一个创建图表的示例：

（1）首先，选择一个数据源（如 MySQL），并从该源中获取数据。

（2）选择要使用的可视化类型（如水平条形图）。

（3）配置可视化选项（如轴标签和几何形状）。

（4）预览图表（可选）。

（5）保存和分享用户的图表。

4）使用 Apache Superset 进行数据查询和分析

Apache Superset 还提供了数据查询和分析功能，使用 SQL 执行查询，并在仪表板中查看可视化结果。用户可以使用查询编辑器编写 SQL 代码，对数据集进行更高级和复杂的分析和查询。以下是一个使用 SQL 查询数据的示例：

```
  SELECT
product_category,
SUM(sales_amount)
  FROM
sales_fact_table
  GROUP BY
```

```
7.      product_category;
```

该查询选择 sales_fact_table 表中的 product_category 列，并使用 SUM 聚合函数对 sales_amount 列进行求和，最后按 product_category 列进行分组。

2.2 人工智能技术

2.2.1 人工智能技术在无线网络中的应用

人工智能技术（Artificial Intelligence，简称 AI）已经逐渐渗透到各个领域中，其中也包括了无线网络领域。在这个快速变化的信息时代，这种技术可以显著地提高网络性能，同时增强安全性和管理能力等。

2.2.1.1 网络管理

网络管理一直是企业和组织的一个难题。人工智能能够通过对网络数据的深度学习对网络进行管理。例如，可以使用机器学习机制来跟踪网络拓扑结构，可以预测故障，并提供自动化部署和配置工具以帮助管理员快速解决问题。又如，通过人工智能，可以建立预测模型，对网络中的负载、流量等关键指标进行检测和预测，进而执行网络资源的调度和管理。此外，人工智能也可以协助网络管理员进行网络安全检测和应对自我修复。

2.2.1.2 网络拓扑优化

无线网络中的拓扑结构和性能之间有很大的关系。优化网络拓扑结构以提高性能是很重要的。AI 可以通过利用大量的数据来预测网络流量瓶颈及其原因，稍微调整网络拓扑结构就可以大大提高网络性能。

2.2.1.3 无线频谱管理

在无线网络环境下，获取频率资源比较困难。这意味着需要有效地管理使用的频谱，以达到更好的网络性能。AI 模型可以发现无线频谱的利用模式并提出优化建议，以优化频率带宽，提高带宽利用率以及减少干扰。

2.2.1.4 网络数据分析

基于人工智能技术，可以利用无线网络中的数据实现对网络流量、速率、质量等指标的实时跟踪和分析。这将有助于发现网络中的问题和瓶颈，并为优化网络性能提供决策支持。

2.2.1.5 扩容和网络规划

在无线网络中，扩容和规划是很重要的问题。使用 AI 模型可以预测未来的网络流量，并为网络提供明智的扩容和规划。人工智能模型可以分析网络流量，验证预测和识别瓶颈，并建议适当的机器和软件升级，以优化网络性能。

2.2.1.6 安全方面

网络安全是无线网络中一个非常重要的问题，人工智能应用在这个领域也是非常广泛的。人工智能模型可以检测和识别重要的安全漏洞，扫描不安全的交通和协议，以及最近的入侵技术。AI 可以自动监控和检测安全威胁，阻止网络攻击。

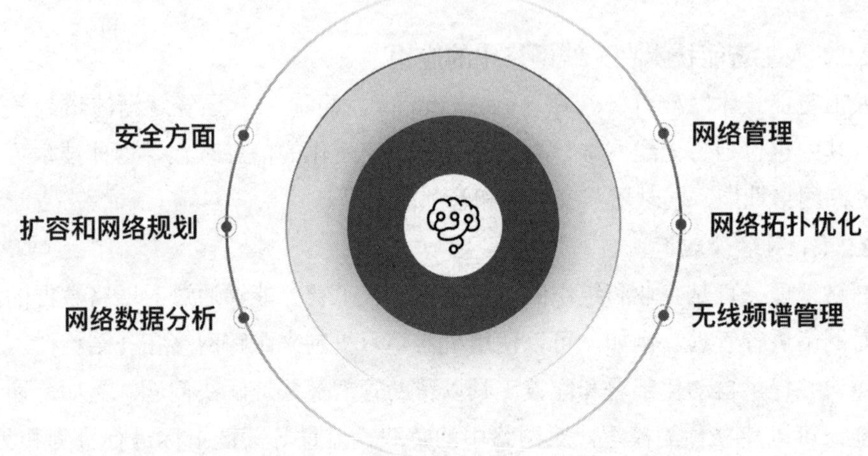

2.2.2 人工智能关键技术

2.2.2.1 机器学习算法

机器学习算法（Machine Learning Algorithm）是指从数据中发现模式、关系或规律并利用这些信息做出预测或决策的数学模型或算法。机器学习算法主要分为监督式学习算法和无监督式学习算法。

监督式学习算法（Supervised Learning Algorithm）是机器学习中应用最广泛的一类算法。这类算法通常是在已有的训练数据集上训练出一个分类器或回归器，使得它能够准确地对新的数据进行分类或预测。典型的监督式学习算法包括决策树、支持向量机、逻辑回归、朴素贝叶斯等。

无监督式学习算法（Unsupervised Learning Algorithm）则是对没有标签的数据集进行建模和探索。这类算法的目标是在没有分类的标签的情况下，学习自然数据的结构、特征等。典型的无监督式学习算法包括聚类、关联规则、主成分分析、异常检测等。

下面我们对一些典型的机器学习算法进行详细介绍。

2.2.2.1.1 决策树算法

决策树算法（Decision Tree Algorithm）是一种用于分类和预测的监督学习

方法，它可以从已有的数据中学习到一个决策树，然后用来预测新的实例。决策树利用一系列的规则和特征（如属性和分类）来判断哪个分类最适合新数据。决策树算法具有易于理解和解释、可处理数据中的缺失值、不受输入空间量的影响等优点。

决策树的基本概念。

（1）根节点（Root）：一棵树的入口。

（2）内部节点（Internal Node）：树非根节点，它有分支和后续节点。

（3）叶节点（Leaf）：不再分支和决策的节点，也被称为决策节点，该节点代表输出。

（4）分支（Branch）：从一个节点到另一个节点的连接线。

（5）分类变量（Categorical Variable）：离散变量或元素为有限集合的变量。

（6）连续变量（Continuous Variable）：实数集合上的变量。

（7）分类树（Classification Tree）：用于分类预测。

（8）回归树（Regression Tree）：用于回归数据预测。

决策树算法的流程如下。

数据分割 → 特征选择 → 决策树生成 → 决策树修剪

（1）数据分割：根据每个属性划分数据集，用来划分数据集的属性，选取按照某个标准进行评估，比如节点划分最小化熵值。

（2）特征选择：选择已有数据的属性特征，用于下一步的数据划分特征选择的方法有多种，例如 ID3、CART、C4.5 等算法。

（3）决策树生成：根据数据集和选定的特征来生成决策树。

（4）决策树修剪：使用测试数据集对决策树进行检验，确保它的准确率和精度。如果决策树过于复杂，则需要进行修剪。

这里，我们简单介绍一下最常用的 CART 算法。

CART 算法使用基尼不纯度（Gini Impurity）来评估选择哪一种特征来划分数据集，划分出的新样本集的基尼指数越小，划分效果越好。

CART 算法原理：CART 算法的目标是把数据集按照某种方式分割，使得分割后的数据集纯度更高（基尼指数变小），使数据集中的样本更加相似。CART 算法通过在每个节点上选择最优的切分点来构建决策树，并在分裂子节点时重复该过程。对于分类问题，CART 算法利用基尼指数计算每个节点的不纯度，然后选择最优的特征切分，把数据集分成两个子集，使得子集的基尼指数最小。对于回归问题，CART 算法使用平方误差（Sum Squared Error，SSE）损失函数来决定最优的切分点。

CART 算法基尼指数：在 CART 算法中，基尼指数被用来衡量数据集的不确定性和纯度。基尼指数的范围为 0 到 1.0 之间，其中 0 表示纯度最高，数据集类别完全相同；1.0 表示纯度最低，数据集类别完全不同。

决策树算法具有以下优缺点。

优点：易于理解和解释，可以可视化地展示；对于缺失值的处理，不会将它们归为一类；可以处理具有数字和分类特征的数据；计算和检索时间很短。

缺点：容易过拟合，需要进行修剪；对于一些数据分类较复杂时无法表达，需要使用集成学习进行预测；不适合用于连续变量的处理。

2.2.2.1.2 支持向量机算法

支持向量机算法（Support Vector Machine，SVM）是一种非常流行的模式识别算法，它通过将数据映射到高维空间来实现分类和回归。该算法通过生成一个最优的决策边界，使得不同类别的数据能够最大限度地被分开。

支持向量机算法的核心思想是通过寻找超平面来分隔数据的两个不同类别。最终目标是生成一个可用于分类的分类器。在寻找超平面时，有两个重要的超参数，支持向量和间隔。支持向量是指离分类边界最近的数据点，而间隔则表示支持向量到分类边界的距离。该算法可以由以下步骤来实现。

确定超平面 → 最大化间隔 → 转化成对偶问题 → 核函数选择

（1）确定超平面：给定一个训练数据集，SVM 算法首先确定一个超平面来分离数据的不同类别，使得所有同类数据都在同一侧。对于一个两类分类问题，即一个称为“正向”的类别和一个称为“负向”的类别，支持向量机算法的目的是找到一个超平面，使离它最近的正向数据点和负向数据点之间的距离最大。

（2）最大化间隔：SVM 模型的目标是最大化间隔。间隔是表示支持向量到分类边界的距离。当支持向量到分类边界的距离很小时，误分类的可能性会增加，从而可能导致过拟合。因此，SVM 算法的目标是寻找一个最佳的分类边界，并使支持向量与分类边界之间的距离尽可能大。

（3）转化成对偶问题：原始的 SVM 算法是基于样本特征直接求解，而对偶算法是通过内积的方式直接求解。在 SVM 中，使用了一种称为“核函数”的方法映射特征空间到高维空间，通过映射之后，SVM 可以在高维空间中通过求点之间内积来分类。

（4）核函数选择：核函数是 SVM 算法的重要组成部分。不同的核函数可以产生不同的分割超平面。通常使用的核函数包括线性核函数、多项式核函数和径向基函数等。

支持向量机算法具有以下几个特点。

（1）适用于高维数据：支持向量机算法在数据集特征数量较高，并且数据分布复杂的情况下表现较好。因为 SVM 可以将数据映射到高维空间中，从而可以更好地进行分类。

（2）可以处理非线性可分数据：SVM 算法在处理问题时不受线性可分的限制，通过核函数的技巧可以将数据映射到高维空间中，解决非线性分类问题。

（3）抗噪性：SVM 算法基于最大间隔法，对于数据噪声的抵抗性相对较强。虽然 SVM 没有对噪声数据点进行过滤处理，但由于 SVM 具有较强的分类泛化能力，因此即使存在噪声点，其分类效果也不会受到很大影响。

（4）可解释性强：SVM 算法生成的决策边界往往是数学可解析的，因此可以进行可视化，便于对模型的解释和理解。此外，SVM 算法可以生成权值向量，权值向量表示了属性对最终分类结果的影响程度，具有一定的解释能力。

（5）对小样本数据表现较好：在数据集规模较小的情况下，SVM 算法的分类效果往往优于其他分类算法，因为 SVM 的目标函数最终生成的是同一类别数据的最大间隔，而不是只考虑分类错误率。

支持向量机算法具有高度的可扩展性和灵活性，能够处理大规模、高维数据集，并且可以处理非线性分类问题。支持向量机算法不仅适用于二分类问题，还可以扩展到多分类问题。此外，支持向量机算法具有较高的抗噪声性和小样本数据表现较好的特点。尽管 SVM 算法在求解过程中存在一定的复杂性，但是它仍然是基于最优解的方法，因此对于真实世界的问题，SVM 算法在分类准确性和稳定性方面表现出色。

2.2.2.1.3 逻辑回归算法

逻辑回归（Logistic Regression）是一种广义线性模型，用于解决二分类问题。它与线性回归不同，逻辑回归使用的是 Sigmoid 函数，可以将实值输出转换为 0 和 1 区间之间的值。

逻辑回归的目的是预测离散结果，例如二进制结果。逻辑回归使用数据集中独立变量的线性组合作为输入，并将该线性组合转换为具有附加非线性变换的概率。在训练模型时，逻辑回归使用的是对数损失函数（Log Loss），可以最小化真实值和预测值间的差异：

$$J(\theta)=-\frac{1}{m}\sum_{i=1}^{m}[y_i\log\frac{1}{1+e^{-\theta x_i}}+(1-y_i)\log\frac{1}{1+e^{\theta x_i}}]$$

逻辑回归具有以下一些优点。

（1）容易实现和解释：与其他复杂的机器学习算法相比，逻辑回归非常容易实现和理解，对于初学者来说是一个好的起点。逻辑回归只需要一个简单的方程式和一些参数调整就能够完成，而且结果也很容易解释。

（2）计算效率高：逻辑回归的计算效率高，因为它只涉及简单的线性代数运算。逻辑回归的运行速度快，即使对于大型数据集也是如此。

（3）可解释性强：逻辑回归可以提供关于各个特征在模型中的重要性。这使得逻辑回归模型更具可解释性，可以帮助人们更好地理解数据。

（4）可以用于在线实时预测场景：逻辑回归模型可以在需要时进行训练和更新，因此可以适用于需要实时模型更新的在线实时预测场景，例如广告点击率预测。

2.2.2.1.4 朴素贝叶斯算法

朴素贝叶斯算法（Naive Bayes Model）是一种基于概率统计的分类算法，它将分类问题归结为计算基于特征的类别后验概率的问题。具体而言，朴素贝叶斯算法假设所有的特征都是相互独立的，并且每个特征对于分类的影响是相等的。因此，朴素贝叶斯算法可以通过最大化后验概率来进行分类。

朴素贝叶斯具有以下一些优点。

（1）简单、快速：朴素贝叶斯算法的原理非常简单，实现起来非常容易。因此，训练速度较快，可以适用于大规模数据集。

（2）鲁棒性好：由于朴素贝叶斯使用概率模型，它对于一些特殊情况（例如噪声）较为鲁棒。

（3）可解释性强：朴素贝叶斯能够输出每个特征对于分类的影响程度。这使得模型具有很好的可解释性，可以作为决策支持系统的一部分。

（4）对于小样本数据有较好的效果：当数据集具有限制的特征时，使用朴素贝叶斯算法可能会得到更好的结果。另外，在数据量较小的情况下，朴素贝叶斯算法可以提供相当好的结果。

2.2.2.1.5 聚类算法

K-Means 和 DBSCAN 是两种经典的机器学习聚类算法。

K-Means 算法是一种常用的无监督聚类算法，它通过将数据点分为 k 个簇，每个簇的数据点与该簇所代表的中心点之间距离最小化，来实现对数据点的聚类。

$E=\sum_{i=1}^{k}\sum_{x\in C_i}\|x-u_i\|_2^2$ ，其中 $u_i=\frac{1}{|C_i|}\sum_{x\in C_i}x$ 为簇的中心。

K-Means 算法具有简单易懂、易于实现和高效的优点，因此被广泛应用于大规模数据的聚类分析中。

K-Means 算法的具体步骤如下。①随机从数据集中选择 k 个中心点。②计算每个数据点到 k 个中心点之间的距离，并将数据点分配给距其最近的中心点所代表的簇。③根据簇内的所有数据点计算新的中心点。④重复步骤②和③，直到达到预设的迭代次数或簇的分配不再发生变化。

DBSCAN（Density-Based Spatial Clustering of Applications with Noise）是一种基于密度的聚类算法，它可以发现任意形状的区域，并且在处理噪声数据时非常有效。DBSCAN 算法通过寻找最密集区域，将数据点划分为不同的簇，因此可以不需要提前确定聚类的数量。DBSCAN 算法的优点在于它可以有效地处理噪声数据，能够自动识别数据中的异常值，同时能够找出任意形状的聚类簇。

DBSCAN 算法具体的流程如下。①选择半径（epsilon）和邻居点个数（minPts），这是 DBSCAN 算法两个重要的参数。②随机选择一个未被访问的数据点，将其标记为 Visited 并且从该点开始探索。③如果某个点的邻居点大于或等于 minPts，则将该点和邻居点一起标记为 Visited，并以该点作为“核心点”，形成一个聚簇，并继续将该聚簇中的未被访问点添加到聚簇中。④如果某个点的邻居点小于 minPts，则该点被标记为噪声点，并停止探索该点的邻居。⑤继续对未被访问的点进行探索，直到所有点都被访问过。

2.2.2.1.6 关联规则算法

关联规则算法主要包括 Apriori 算法、FP-Growth 算法和 ECLAT 算法等。

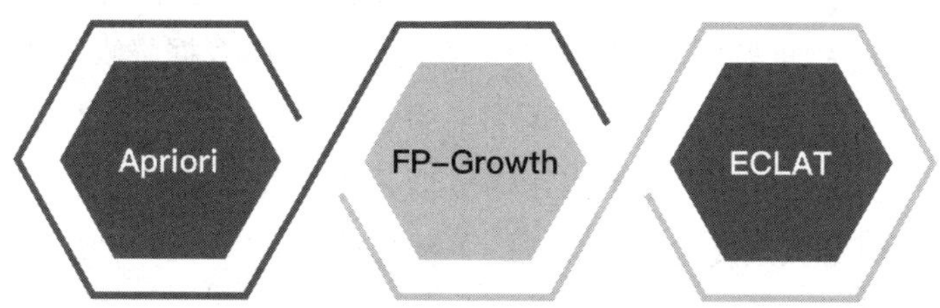

（1）Apriori 算法：Apriori 算法是一种基于集合的频繁模式挖掘算法。该算法通过先挖掘频繁项集来生成候选关联规则，然后再从候选关联规则中通过剪枝策略来生成最终的关联规则集合。Apriori 算法的缺点在于需要多次扫描数据集，计算频繁项集，因此算法的运行效率较低。

（2）FP-Growth 算法：FP-Growth 算法是一种基于 FP 树的高效关联规则挖掘算法。通过构建 FP 树，并基于树结构来整理数据集，可以高效地挖掘频繁项集。该算法可以避免频繁项集挖掘中过多的计算与 I/O 操作，适合处理大量的数据集。FP-

Growth 算法的缺点在于对于非频繁但很大的项集，依然需要耗费较多的计算资源。

（3）ECLAT 算法：ECLAT 算法是一种基于交集的关联规则挖掘算法。该算法通过计算每两个项之间的支持度，找出所有频繁项的两两组合，根据组合的长度由小到大依次挖掘出频繁项集。该算法的优点在于它的空间复杂度比较低，比较适合处理高维数据集，但是运行效率不如 FP-Growth 算法。

2.2.2.1.7 主成分分析算法

主成分分析（Principal Component Analysis，PCA）是一种常用的无监督降维算法，旨在通过选择一个新的投影方向，将数据的维度进行压缩，并保留原始特征的主要信息。

PCA 的主要思想是基于协方差 / 相关矩阵，通过对特征数据进行线性变换，从而得到一组新特征组合，这些新特征是原始特征的线性组合。在新特征中，第一个特征通常包含数据中最大的方差，第二个特征与第一个特征正交，同时保留了次大的方差，然后逐次按照方差大小线性变换特征，直至得到所需的主成分或者将数据压缩至一定的维度。PCA 算法中，我们所保留的信息量与保留的主成分个数可以从方差的大小中衡量出来。

PCA 算法的主要步骤如下：①对数据集进行中心化处理（标准化处理），即将数据根据均值进行平移，使得数据的均值为 0。②计算数据集的协方差矩阵 / 相关系数矩阵。③对协方差矩阵进行特征值分解 / 奇异值分解得到特征值和特征向量。④选取前 k 个特征向量作为新的基础，将数据映射到新的空间中。

PCA 算法的优点在于可通过一个小的数据子集进行训练，将训练时间和计算空间大大缩减。同时，PCA 算法还可以通过降维描述数据的变化，将高维数据可视化，可以减小数据存储空间需求，优化模型计算时间，提高数据降噪能力。PCA 算法的缺点在于可能由于数据抖动和异常值导致计算的误差，需要对数据进行预处理和清洗。并且，PCA 会损失一些在低维表示中可能是重要的信息，需要合理权衡如何进行维度压缩的同时最大限度地保存数据的关键信息。

2.2.2.1.8 异常检测算法

异常检测算法中，较经典的是 Isolation Forest 算法和 LOF 算法。

Isolation Forest 算法：是一种基于随机森林的无监督异常检测算法，于 2008 年由 Ting 等人提出。该算法的主要思想是将数据集随机地划分为不同的子空间，并利用这些子空间中的数据来构建树结构。通过迭代建树的方式，Isolation Forest 可以不断地隔离数据集中的不同部分，将正常数据点隔离得更快，并将异常点隔离得更少，从而较快地检测出异常数据。

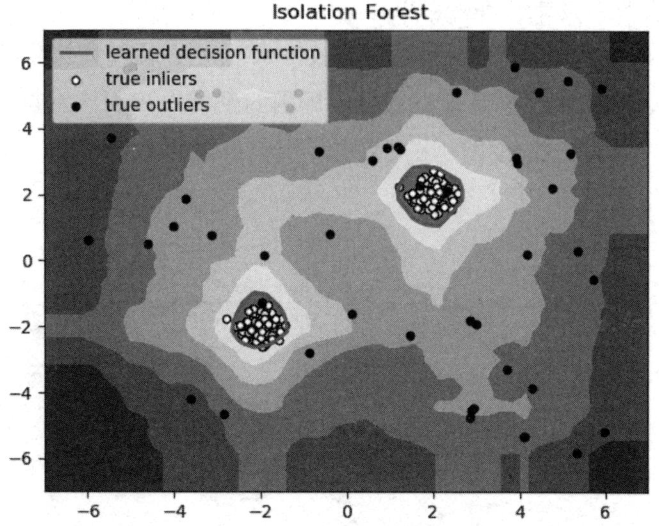

Isolation Forest 算法基于如下的两个假设：

（1）异常点相对较少，且与多数正常点在数据分布中略有不同。

（2）通过随机划分数据集，异常点更容易被分配到孤立的子空间中。

Isolation Forest 算法利用这两个假设，通过建立随机森林的方式来检测异常值。随机森林是一种基于决策树的集成学习方法，其将多个决策树组合成一个模型，提高了模型的准确性和鲁棒性。通过在随机森林中建立一组决策树，Isolation Forest 算法可以确定某个数据点落入一棵树的深度，从而检测其是否为异常值。

具体来说，Isolation Forest 算法步骤如下。

（1）随机选择少量数据对集合（V）中的数据点进行划分，将集合 V 划分为两个子集 V_1 和 V_2。

（2）对每个子集重复步骤（1），直到一个包含一个或零个数据点的叶节点被建立。

（3）通过计算数据点到达根节点所需遍历的深度、高度等信息，来估计每个数据点异常得分，得分越高的数据点越可能是异常值。

（4）对于每个数据点，Isolation Forest 算法通过计算平均深度来给出其异常得分。通过计算每个数据点的平均深度，Isolation Forest 可以快速区分正常数据和异常数据。正常数据点的平均深度通常很小，而异常数据点的平均深度通常较大。

（5）与其他基于密度的算法相比，Isolation Forest 算法具有以下几个优点：

①它是一种无监督算法，不需要任何标记数据。

②它可以高效地检测高维数据集的异常点。

③它对于数据集中的噪声和异常点的鲁棒性较强。

④它易于实现且易于扩展，可以与其他算法相结合。

LOF（Local Outlier Factor）算法：LOF 算法是一种经典的基于密度的无监督异常检测方法，其基本思想是根据数据点周围的密度来识别异常点。LOF 算法通常用于高维数据，并在数据集中的历史数据、引起报警的实时数据、网络管理、金融监控等方面有很广泛的应用。

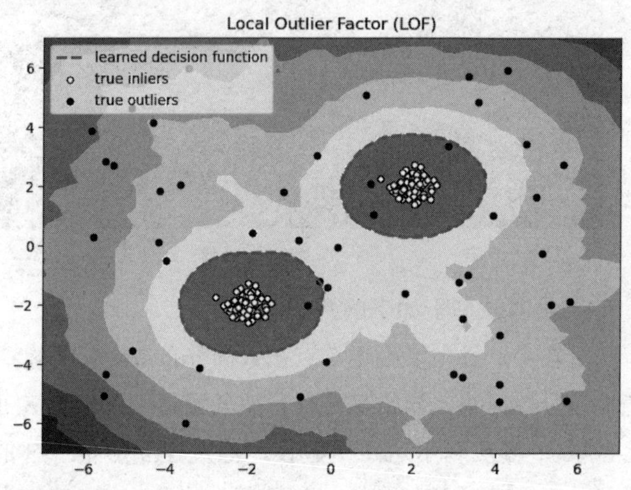

LOF 算法主要包括以下几个步骤。

（1）定义 k- 距离：在 k 距离中，对于点 x，k- 距离是指点 x 到数据集中距其最远的 k 个点的距离。

（2）定义可达距离：对于点 x 和其 k- 距离外的点 y，可达距离指点 y 到点 x 的 k- 距离与点 y 的 k- 距离中的较大值。

（3）定义密度：在 LOF 中，数据点的密度指那些距离该点不超过 k- 距离的其他点的数量。k- 距离相当于一个最小的半径，使得样本点的密度达到一定程度。

（4）定义局部可达密度（Lrd）：Lrd 表示数据点 x 的密度与其 k- 距离外点的密度的平均值之比。公式为：其中 rd_k（o）表示数据点 o 到数据点 x 的 k- 距离，N（x）表示与 x 距离小于等于 k 距离的数据点集。

（5）定义局部离群因子（LOF）：局部离群因子表示数据点 x 的相对于其邻居（即相对于其局部区域内的其他数据点）的密度越小，那么其离群程度越高。

LOF 算法的基本思想是基于每个数据点周围的密度来识别异常点。具体来说，LOF 算法对于每个数据点 x，通过计算 x 周围数据点的邻域内点的密度与它本身的密度的比较值来判断其是否为异常点。如果该比较值大于 1，则表示该数据点相对于周围的其他数据点来说距离较远，可能是异常点。

例如，对于一个数据点 x，如果其 k 邻域内的点的密度都比其大，那么 x 就是一个高密度点；但如果其邻域内的点的密度都比其小，则 x 可能是一个异常点。

LOF 算法具有以下一些优点：

（1）对于高维和低维数据集均适用。

（2）对于各种分布的数据都有很好的效果。

（3）能够有效地识别数据集中各种类型的异常点。

2.2.2.2 神经网络基本结构

神经网络是一种基于生物学上神经元的操作思想的计算模型。它由一个输入层、一个输出层和若干个隐藏层组成，其中输入层接收输入数据，输出层输出预测结果，中间的隐藏层通过神经元之间的连接和激活函数实现特征提取和转换。

神经网络基本原理可以归纳为两个方面。

（1）前向传播：将输入信号从输入层传送到输出层，实现特征提取和分类预测。

（2）反向传播：根据预测结果和真实标签计算误差，并通过反向传播算法更新神经网络中的参数，以达到优化模型的目的。

神经网络主要由以下几个组成要素构成。

（1）输入层：接收来自外界的信号，以向中间的隐藏层传递信息。

（2）隐藏层：由多个神经元构成，主要实现特征提取和转换的功能。

（3）输出层：输出预测结果，用于分类或回归等任务。

（4）权重：神经元之间的连接强度，决定了神经网络的学习能力。

（5）偏置：每个神经元都有一个偏置项，对神经元的激活函数有影响。

（6）激活函数：对神经元的输入进行处理，输出非线性响应，使得神经网络可以处理非线性问题。

（7）损失函数：用于衡量预测结果和真实标签的差异，是神经网络优化的目标。

以下是一些常用的神经网络结构。

2.2.2.2.1 多层感知机

多层感知机（MLP）是神经网络中的一种基本结构，也是最早被广泛研究的神经网络结构之一。它是一种前向反馈神经网络，由输入层、隐藏层和输出层组成。

在 MLP 中，每个层都包含多个神经元，每个神经元都与上一层的所有神经元相连，并通过权重来传递信息。在输入层中，每个神经元由一个输入特征对应；而在输出层，每个神经元对应着网络的一个输出。在隐藏层中，神经元既可以将信息传递到下一层，也可以直接将信息传递到输出层。

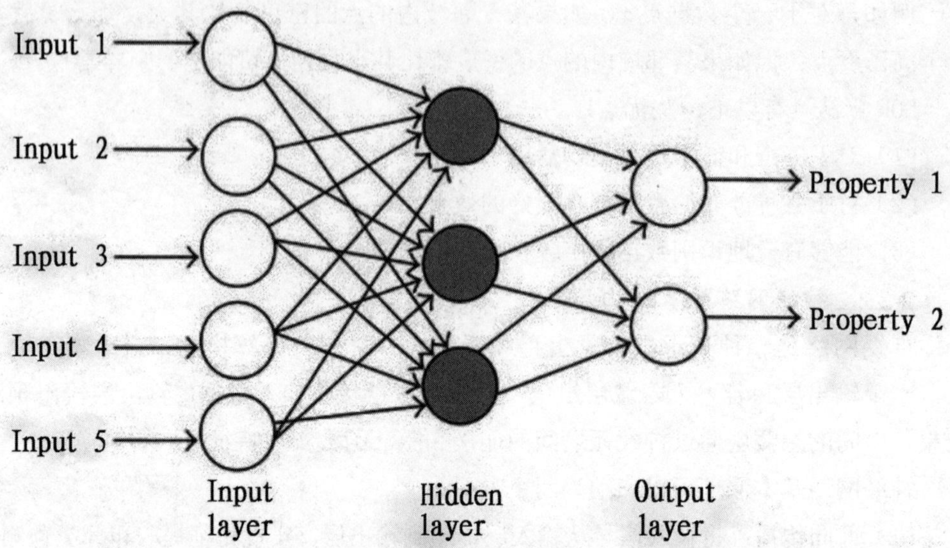

MLP 中的每个神经元都有自己的权重和偏差，权重和偏差用于控制每个神经元对输入数据的响应程度。为了训练 MLP，通常使用反向传播算法（Backpropagation）来更新每个神经元的权重和偏差，以使网络能够捕捉到输入数据的规律和特征。

MLP 通过使用多个隐藏层来扩展模型，从而允许 MLP 模型拟合更复杂的非线性数据模式。然而，多个隐藏层也带来了更多的计算和训练时间，同时需要更大的数据集进行训练，以避免过拟合的问题。

2.2.2.2.2 卷积神经网络

卷积神经网络（CNN）也是神经网络中的一种重要架构，专门用于图像、语音、文本等二维或三维数据的处理，其最重要的特点是使用卷积操作来处理数据，因此具有很强的平移不变性，在图像识别等许多领域都有出色的效果。

CNN 主要包含卷积层、池化层和全连接层三个部分。卷积层是 CNN 的核心，其中包含多个卷积核，卷积核与输入图像进行卷积操作，从而提取出图像的特征。卷积层的输出被送入池化层，池化操作用于缩小特征图的尺寸和保留最重要的特征，常用的池化操作有最大池化和平均池化。

卷积与池化过程示意如下。

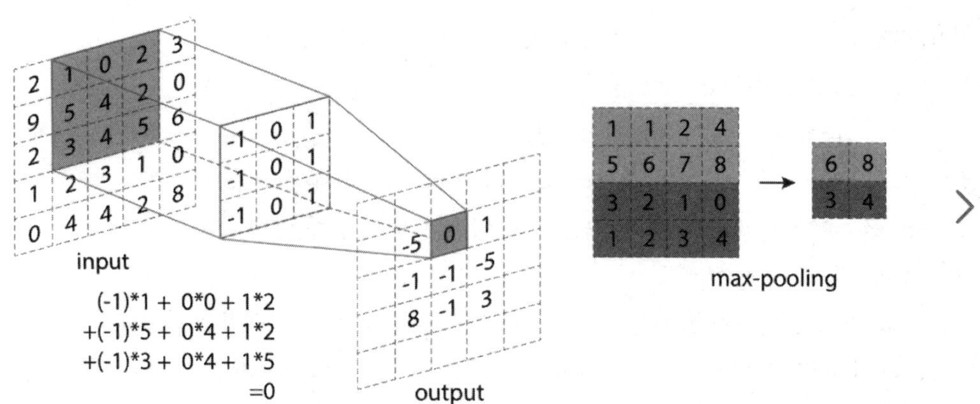

最后，全连接层将所有卷积和池化的特征转换成分类输出。这些层中的神经元与之前所有层中的神经元都相连，从而可以学习到更抽象、更高层次的特征，并将这些特征映射到类别概率上。

CNN 在图像识别、目标检测、语言情感分析等问题上被广泛应用。由于神经网络的层数相对来说较少，因此 CNN 模型可以很好地抵抗过拟合。此外，CNN 中的卷积操作避免了全连接层中可能出现的大量参数，从而减少了计算负载。

2.2.2.2.3 循环神经网络

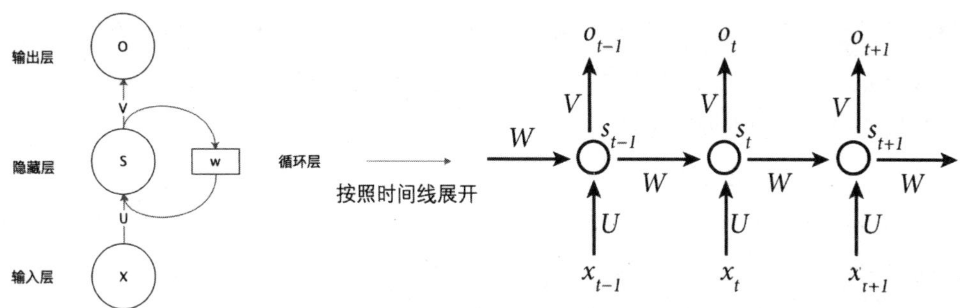

循环神经网络（RNN）是一种专门用于处理序列数据的神经网络，它通过使用循环来允许信息的传递被送回到网络中的不同层次，从而成为处理序列数据的有力工具。RNN 在语音识别、自然语言处理、机器翻译等方面具有广泛的应用。

RNN 的最重要特点是它能够处理任意长度的序列，并且不需要固定长度的输入和输出。这是通过在网络中引入一个循环结构实现的，使得每个时间步长的输出影响下一个时间步长的输出。RNN 将以前的信息融合到当前输出中，启发了许多自然语言处理和音频处理中的序列建模方法的发展。

具体来说，RNN 包含一个或多个循环层，其中每个循环层由一个循环结构和前馈神经网络组成。循环层通过将当前时间步长的输出作为下一个时间步长的输入，使得网络可以记忆先前的任务状态并根据先前的状态生成输出。

2.2.2.2.4 长短时记忆网络

LSTM（长短时记忆网络）是一种序列模型中用于捕捉长期依赖性的一种循环神经网络（Recurrent Neural Network，RNN）结构。其最主要的特点是通过引入门限（gates）控制信息的输入、输出以及遗忘，从而使系统可以保存和使用长时间内的信息。

LSTM 的核心是“细胞状态”。这个状态在整个序列中穿行并像传送带一样保持信息，并且可以被网络学习增加或减少。LSTM 在每个时刻使用门限来控制状态的读写，以及是否清除中间状态。

LSTM 有三种门限，分别是输入门（Input gate）、遗忘门（Forget Gate）和输出门（Output Gate）。输入门决定哪些信息可以加入状态中，遗忘门决定哪些信息可以被忘记，输出门决定哪些信息可以输出。

LSTM 中还有一个重要的组件是单元状态（Cell State），该状态允许 LSTM 学习并记住长期的信息，而门限操作则使 LSTM 能够决定将哪些信息添加到单元状态中，以及何时从单元状态中提取信息。

LSTM 具有优秀的处理序列数据的能力，尤其在语音识别、文本生成、机器翻译等任务中表现良好。与传统的 RNN 模型相比，LSTM 通过设计一个门限控制机制，避免了长链路的梯度消失和梯度爆炸问题，从而可以处理更长的序列数据。此外，LSTM 中的 gates 适合于控制输入、输出和遗忘信息，它使 LSTM 具有捕捉序列数据中的长期依赖性和重要特征的能力。

2.2.2.2.5 残差网络

残差网络（ResNet）是一种深度神经网络的结构，能够有效地解决深度神经网络的“退化问题”(Degradation Problem)，即当深度神经网络加深时，反而使得模型的表现效果变得更差的问题。

在传统的神经网络结构中，随着网络的加深，梯度通常会变小或者变得越来越难以优化，导致神经网络的性能变差。而残差网络通过引入恒等函数，使得网络可以直接学习未知函数加上恒等函数的结果，从而使得网络可以更加容易优化，同时也能保证层数的增加不会导致网络的性能退化。

残差网络主要由残差块（Residual Block）组成，其中每个残差块都被设计成能够“跳过”一些层。残差块包含两个并行的卷积层，其中第一个卷积层主要用来将原始输入映射到特征空间中，而第二个卷积层则将特征空间的信息映射回原始输入空间。然后，这个输出再与原始输入相加，得到最终的残差块输出。这个残差输出就可以自由跳级到未来的层，从而降低了模型的退化问题。

残差网络的设计可以有效地解决深度神经网络的“退化问题”，并且在许多计算机视觉领域中取得了很好的表现。残差网络在图像分类、目标检测、语义分割等领域已经成了最先进的模型之一。

2.2.2.2.6 网络架构（Transformer）

Transformer 是一种基于自注意力机制的神经网络结构，主要应用于自然语言处理领域，本质上是一种序列到序列（Sequence to Sequence，Seq2Seq）的模型。

Transformer 是对循环神经网络和卷积神经网络两种经典神经网络结构的一种重要补充。它基于一种注意力机制，能够在处理序列数据时更好地捕捉序列中的长程依赖关系，而不需要类似于 RNN 序列处理的时序操作，从而在很多任务上出现了比传统模型更好的表现。

Transformer 的基本架构由编码器和解码器两部分组成，其中编码器和解码器各由多个编码 / 解码层构成，每个编码 / 解码层由多个自注意力机制和前馈神经网络组成，同时引入了残差连接和层归一化等技术。

具体来说，自注意力机制是 Transformer 的核心，可以在解决序列处理问题时比 RNN 更高效和准确，自注意力机制由查询、键、值组成，定义了查询和一组键和值之间的加权关系，最终将值的加权和作为查询的输出。前馈网络由两个全连接层组成，在两个全连接层之间添加了 ReLU 激活函数以实现非线性变换。

其中，编码器部分用于处理输入序列到一个高维表示的转换，解码器部分用于输出目标序列。与传统循环神经网络的逐个处理序列元素不同，Transformer 中可以并行计算所有信息，从而使其能够处理更长的序列，并能够处理不同长度序列，如机器翻译、摘要生成、实体命名识别等任务。

总的来说，Transformer 结构通过使用自注意力机制来捕捉输入序列中的关键信息，同时通过编码器 - 解码器框架来预测输出序列，在自然语言处理等领域表现出色，正逐渐成为自然语义理解任务中最受欢迎的模型。

2.2.2.2.7 自编码器

自编码器（AE）是一种无监督学习的人工神经网络，具有自我编码、自我解码的功能，用于学习输入数据的低维特征表示。在自动编码器中，编码器部分将输入映射到某种低维表示，解码器部分将这些表示映射回输入空间。自动编码器是一种有效的特征学习方法，使用它可以在不需要人工输入标签的情况下对无标签数据进行降维和特征提取。

自编码器由编码器和解码器两个部分组成。编码器将输入信号逐层压缩，使得最终压缩结果具有较小维度但仍保留输入信号的核心特征，该过程称为编码（encode）过程；解码器将编码器压缩的结果逐层解压，还原输入信号，该过程称为解码（decode）过程。

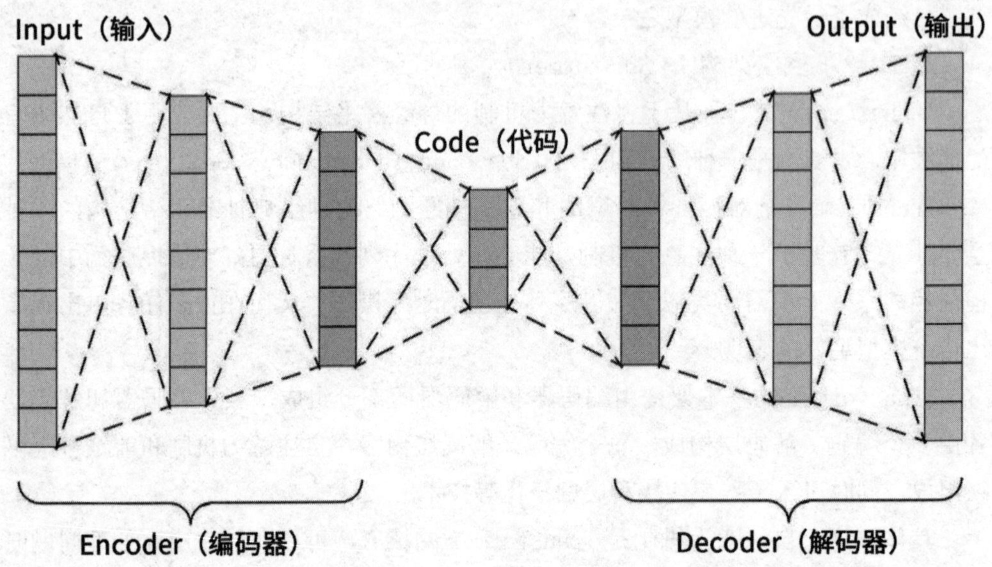

自编码器的训练过程是通过比较输入数据和自编码器的输出数据间的误差，从而优化网络参数以得到更好的数据重建结果。常见的误差函数包括均方差和交叉熵等。

自编码器在许多领域中具有广泛的应用。例如，它可以用来进行数据压缩、模式识别、特征提取和图像噪声去除等任务。另外，自编码器还可以用于半监督学习和生成式模型等领域。由于自编码器是一种无监督学习方法，可以直接使用大量未标记的数据进行训练，并从中学习到更好的特征表示，从而提高模型的性能。

2.2.2.2.8 变分自编码器

变分自编码器（Variational Auto Encoders，VAE）是一种基于自编码器的生成式模型，用于从高维数据中学习潜在的低维表示，并且生成新的数据。该模型的思想在于：由模型所生成的数据可以经变量参数化，而这些变量将生成具有给定数据的特征。

VAE 的核心是通过在潜在空间中随机采样生成新的样本，并通过解码器将采样结果映射到数据空间中。与传统的自编码器相比，VAE 学习到的编码结果不是一种固定的取值，而是一种连续的分布，因而可以在潜在特征空间内进行插值和平滑操作。

VAE 的结构通常由两部分组成：编码器和解码器。编码器将输入映射到一个潜在的分布空间中，解码器将从潜在分布中采样得到的噪声数据映射为输入数据。在这个过程中，通过训练网络参数来最小化重构误差和潜在分布的 KL 散度（相对熵），以促进网络学习到更好的分布表示并产生更好的生成样本。VAE 的核心思想是通过引入随机噪声来避免过拟合，同时利用重构误差和 KL 散度把编码器网络训练成生成数据的分布。

2.2.2.3 图像处理算法

深度学习图像处理算法，是使用深度神经网络来实现对图像进行自动特征提取、分类和识别等一系列图像处理任务的算法。深度学习图像处理算法是近年来非常流行的一种算法，因为它可以通过大量的训练数据和强大的计算能力来获得比传统方法更优秀的性能。

在使用深度学习进行图像处理的过程中，需要进行数据预处理、模型构建、模型训练、评估和使用等多个步骤。其中，数据预处理包括对图像进行裁剪、缩放、旋转、归一化等处理，以及构建数据的标签；模型构建是指将深度神经网络模型设计出来，并在模型中设置相应的参数；模型训练是指使用训练集对模型进行训练，使模型学习到对图像进行分类、识别的能力；评估是指使用测试集对训练好的模型进行测试，评估其性能；使用是指将训练好的模型部署到实际的应用场景中，对图像进行分类和识别。

深度学习图像处理主要包含以下算法。

2.2.2.3.1 图像分类算法

图像分类是计算机视觉中的一个基本任务，它的目标是将输入的图像分成不同的类别。从深度学习的角度来看，图像分类通常是使用卷积神经网络（CNN）来实现的，因为 CNN 可以自动提取图像中的特征，并学习到适合于分类的特征表示。

在图像分类中，我们需要训练一个模型，将图像的像素信息作为输入，并输出对应的类别标签。常见的图像分类算法包括 VGG、Inception、ResNet、MobileNet、DenseNet 等。

VGG 算法：VGG 是 ImageNet 图像分类比赛的冠军算法之一。该算法主要由牛津大学的研究人员提出，其最大的特点是采用了非常深的卷积神经网络（Convolutional Neural Network，CNN）结构，并且所有的卷积层都是使用 3×3 的卷积核来处理图像。

VGG 的网络结构非常简单，主要由若干个卷积层和池化层组成。VGG 的网络可以分为 VGG-11、VGG-13、VGG-16 和 VGG-19 这四种，分别表示网络中卷积层和池化层的数量。其中，VGG-16 和 VGG-19 是最流行和最常用的版本。下面以 VGG-16 为例，介绍算法的网络结构。

如下图所示，VGG-16 由 13 个卷积层、5 个最大池化层和 1 个全连接层组成，其中前 13 层都是使用 3×3 的卷积核进行卷积，激活函数使用的是 ReLU 函数，后面接上一个 2×2 的最大化池化层进行下采样。全连接层则是由两个 4096 个神经元的全连接层和一个 1000 个神经元的 Softmax 层组成，用于进行多分类。

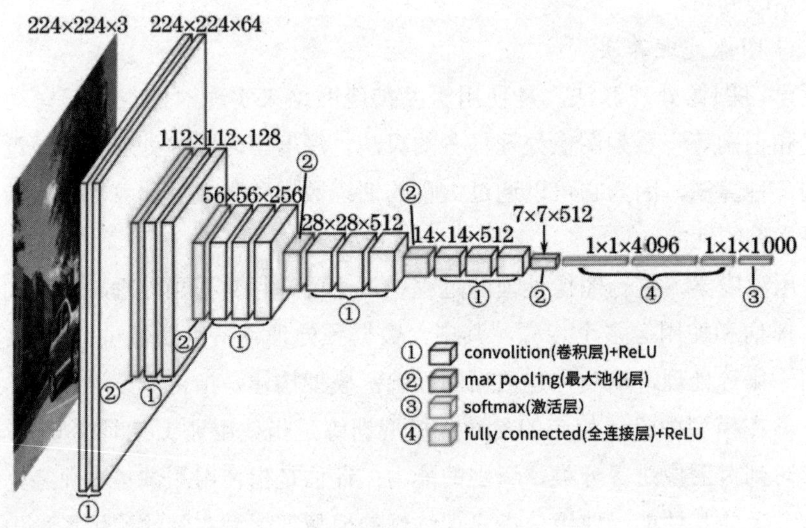

Inception 算法：Inception 在 2014 年被 Google 团队提出。在当时，它是 ImageNet 竞赛的冠军，取得了非常优秀的表现。Inception 算法通过将多个卷积层和池化层组合在一起，形成了一个非常深层次的神经网络，它可以在不增加参数数量的情况下提高网络的准确率。

在 Inception 算法之前，卷积神经网络的结构都是单一卷积层和池化层交替堆叠，而 Inception 算法则在这个基础上加入了一些创新的设计，可以更好地处理尺度变化、全局信息和局部信息，从而提升了识别准确率。

Inception 算法最大的特点就是它的多层卷积和池化结构，它通过将多个卷积层和池化层组合在一起形成了一个非常深的神经网络。

与传统的卷积神经网络相比，Inception 算法还有以下几个显著特点。

（1）一次卷积可以得到不同大小的特征，对尺度变化具有很好的适应性。

（2）加入卷积层，用于降维，在不影响准确率的情况下可以大大减少参数数量和计算量。

（3）使用多个卷积核，并行计算多个分支，增加非线性和决策复杂度。

（4）加入池化来提取上下文信息。

（5）在多个分支和池化中使用并行化来加速计算。

Inception 算法是一个多层的神经网络，其中包含了很多卷积层、池化层和全连接层。下图展示了 Inception 算法的基础结构。

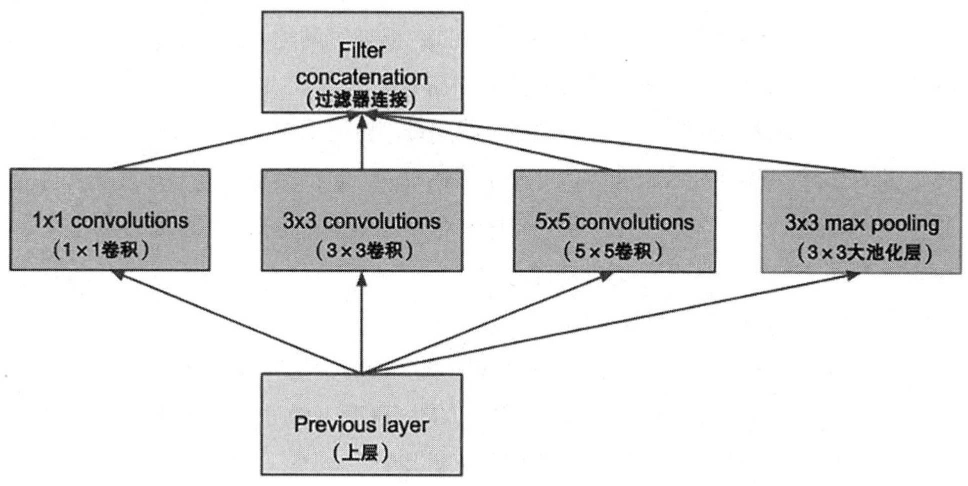

在整个网络中，每个 Inception 模块的输出都作为下一个 Inception 模块的输入。

ResNet 算法：ResNet（Residual Network）是微软团队在 2015 年提出的深度卷积神经网络结构，在 ImageNet 数据集的分类任务上表现非常优秀，也因此成为当时最优秀的 CNN 模型之一。相较于原始的 CNN 结构，ResNet 使用了跨层连接（residual connections），使得在网络最深处的信息仍然可以获得有效传播，从而解决了深度网络退化的问题。

ResNet 最大的特点是使用了跨层连接，跨层连接是将输入信号直接添加到神经网络中间的某层中去，使得在网络最深处的信息能够更好地传递到网络中间。这种连接解决了神经网络退化的问题，使得神经网络的深度可以很轻松地达到上百层。除了跨层连接之外，ResNet 还有以下几个显著特点：

（1）每个卷积层都带有 BN 操作，加速了模型的收敛速度。

（2）每个卷积层中的卷积核大小为 3×3，这是因为卷积核能最大限度地处理图像的上下文信息。

（3）ResNet 一般使用特征金字塔网络（FPN）结构对网络进行优化。

（4）使用残差块（Residual Block）来提升模型性能。

ResNet 的结构非常复杂，主要分为以下几个部分：

（1）输入图像，经过一个卷积层和池化层之后，得到一个特征图。

（2）这个特征图接着经过一系列特殊的残差块（Residual Block）网络，其中每个块都有若干个卷积层，通过残差连接到下一层。

（3）最后，这个特征图经过全局平均池化层和一个分类器输出结果。

MobileNet 算法：MobileNet 是 Google 在 2017 年提出的一种轻量级卷积神经网络模型，专为移动设备设计。相较于传统的卷积神经网络，MobileNet 具有非常小的参数量和计算量，可以在移动设备上实时运行。

MobileNet 将模型压缩至小型和快速的大小，并通过深度可分离卷积操作提高了模型的计算和内存效率，最大限度地减少了计算量和参数数量。MobileNet 最大的特点是轻量级，具有非常小的参数量和计算量，因此可以在移动设备上实时运行。

MobileNet 还有以下几个显著特点：

（1）使用了深度可分离卷积，可以高效地减少参数数量和计算量。

（2）模型被设计为在任何输入尺寸下运行，提供更大的灵活性和适应性。

（3）使用逐步缩小模式来实现多尺度特征提取。

MobileNet 的核心组件是深度可分离卷积，它将标准卷积层分为深度卷积和逐点卷积两个部分。具体来说，在 MobileNet 的卷积操作中，先使用一个深度卷积操作对每个输入通道进行单独处理，然后使用一个逐点卷积操作将它们合并。这种方式减少了大量冗余计算，同时也可以减轻内存负担并提高效率。

MobileNet 可以通过调整网络的深度和宽度进行优化，可以使用深度可分离卷积来代替传统的卷积操作，从而减少了参数数量和计算量。具体来说，MobileNet 将标准卷积操作分解为深度卷积和逐点卷积两个步骤。深度卷积只包含一个卷积核，用于在单个通道上处理输入数据；逐点卷积则在不同通道之间进行线性组合。

DenseNet 算法：DenseNet（Densely Connected Convolutional Networks）是在 2016 年提出的一种深度卷积神经网络结构，在 ImageNet 分类任务中取得了非常好的表现。

DenseNet 的主要创新在于它的密集连接机制，通过将上一层的所有特征图连接到当前层，增强了模型的特征复用能力，使得模型更加高效，并提高了模型的准确率。

DenseNet 最大的特点是密集连接机制，使得模型具有更强的特征重用性。除此之外，DenseNet 还有以下几个显著特点：

（1）通过密集连接机制，使得模型可以更加深入地学习数据，提高了模型的准确率。

（2）受到 ResNet 的启发，DenseNet 的基本块中也使用了残差连接来优化模型。

（3）在每个密集块中引入批量归一化（BN）和激活函数（ReLU），可以提高模型表达能力以及加速模型的收敛。

DenseNet 的基本块是密集块，每个密集块中都有若干个卷积和 BN 操作，而每个卷积的输入则是当前层和之前所有连通层的特征图。

感性理解上，我们可以想象成一列小矩阵（每个矩阵为一个卷积）依次叠加，每个小矩阵卷积后的结果与前面所有的小矩阵卷积后的结果都会传递到下一层中。

除了密集块之外，DenseNet 还有一个特殊的模块称为过渡层（transition layer），用于进行尺寸缩减。在每个过渡层中，先使用一个 BN 操作对通道进行降维，然后再使用一个池化操作将特征图的空间尺寸减半。

2.2.2.3.2 物体检测算法

物体检测（Object Detection）是指在图像中找到特定目标的过程。目前最先进的物体检测算法之一是基于卷积神经网络的目标检测算法，如 Fast R-CNN、YOLO、SSD 等。这些算法结合卷积神经网络和区域提取技术来提取物体的目标特征，然后进行物体分类和定位。

下面我们来简单了解一下这些算法。

Fast R-CNN 算法：Fast R-CNN 是在 R-CNN 和 SPP-Net 的模型基础上提出的一种目标检测算法。它是一种单阶段的目标检测算法，即将裁剪后的物体区域和其相应的分类信息用全局特征提取进行分类。相比传统的目标检测算法，Fast R-CNN 算法能够对分类和回归进行并行化处理，提高了计算效率和准确性。

Fast R-CNN 算法的主要优势在于提高了目标检测的速度和准确性，并且通过网络之间的信息共享，减少了特征提取计算的冗余。在许多目标检测竞赛中已获得了较好的表现。

Fast R-CNN 算法需要输入一张带有物体区域标记的图片，然后经过如下步骤：

（1）使用卷积神经网络（CNN）提取输入图片的特征。

（2）将物体区域池化（RoI pooling）到固定大小，从特征图中抽取 RoI 特征。

（3）对 RoI 特征进行分类和边界框回归。

Fast R-CNN 算法通过两个主要组成部分来完成目标检测：网络前体和损失函数。网络前体主要由预训练卷积神经网络（如 VGGNet 等）和 RoI 池化层组成。特征提取器通过对输入图片进行卷积和非线性激活来提取特征。RoI 池化层用于在特征图上提取每个 RoI 区域的特征。

Fast R-CNN 算法的损失函数包括分类损失和回归损失。分类损失通过 softmax 函数计算网络对每个类别的分数，用于区分目标类别和背景。回归损失通过优化参数，精确预测边界框的位置和大小，从而提高边界框的准确性。

YOLO 系列算法：You Only Look Once（YOLO）系列算法在物体检测算法中占据着非常重要的地位。相比较传统的对象检测算法（如 R-CNN 和 Fast R-CNN），YOLO 算法检测目标的速度更快，检测准确性更高。YOLO 算法通过将目标检测问题转换成一个回归问题，以一次前向传递来进行目标检测，不需要候选区域，因此效率更高。

迄今为止，YOLO 系列算法已从 V1 发展至 V7，每个版本都在改进之前版本的缺陷和不足，积极应对着千变万化的目标检测场景。

（1）YOLOv1：YOLOv1 是 YOLO 系列算法的第一个版本，它思想简洁，处理速度非常快，是当前最快的目标检测算法之一。YOLOv1 最大的特点是将目标检测任务看作是一个回归问题，通过在单个网络中同时预测目标的坐标和类别，并将检测精度与目标坐标预测误差关联。YOLOv1 采用了全新的训练和测试策略，特别是对标签数据进行训练的方式进行了改变，使得检测准确率得到大幅提升。

（2）YOLOv2：相较于 YOLOv1，YOLOv2 的精度有了很大的提升，并且能够检测到更小的物体，对各种尺寸的目标检测都有很好的表现。YOLOv2 取消了使用全连接网络层，将其替换为卷积层，采用更深的卷积神经网络作为特征提取器，加强了对特征的提取和识别能力。此外，YOLOv2 还采用了多尺度训练的方法，一定程度上提升了算法的检测能力。

（3）YOLOv3：YOLOv3 在不损失精度的前提下，速度比 YOLOv2 更快、检测性能更优。YOLOv3 的主要改进之处在于改进特征提取器 Darknet-53 的结构，尤其是引入了空间金字塔池化（Spatial Pyramid Pooling，SPP）和深层特征提取。通过增加 SPP 模块提取具有多尺度的特征，使得模型对于不同尺寸的物体检测能力增强。同时，YOLOv3 还采用了 Anchor（一些预定义的矩形框）策略，引入多组不同比例长宽的 Anchor Box（锚框），使得空间上的特征检测能够提升至更高的精度。

（4）YOLOv4：YOLOv4 在 YOLOv3 的基础上进一步创新，提升了检测精度，速度也得到了保持或者有所提升。YOLOv4 进一步优化了图像增强和骨干网络，同时采用 Bag of Freebies（只会改变训练策略或者只会增加训练代价，而没有增加推理代价的方法）、Bag of Specials（增加少量的推理代价就能获得更大提升目标检测准确度的方法）和 CmBN（交叉小批量标准化）等组合方法，加强了算法的鲁棒性和训练速度，精度有了很大的提升。此外，YOLOv4 还引入了 Mish 激活函数，解决了传统激活函数在梯度爆炸和梯度弥散上的问题。同时，YoLOv4 还附加有多种精度和速度的权衡版本，可以根据实际应用场景做出合理选择。

（5）YOLOv5：YOLOv5 是 YOLO 系列的最新一代目标检测算法，具有快速、准确、轻量、易于部署等特点。在网络架构方面，YOLOv5 采用了 CSP（Cross-Stage

Partial，跨阶段部分连接）架构，具有高性能和高精度；在训练策略方面，它使用了强化的数据增强技术和一种类自监督的方法，可以有效地提高检测精度；在推理速度方面，YOLOv5 具有很高的推理速度和计算效率。

（6）YOLOv6：YOLOv6 设计了可重参数化的 Backbone 并命名为 EfficientRep（一种论述的主干网络）。对于小模型，Backbone 的主要组成部分是训练阶段的 RepBlock。在推理阶段，RepBlock 转换为 3×3 卷积层 +ReLU 激活函数的堆叠（记为 RepConv）。因为 3×3 卷积在 CPU 和 GPU 上优化和计算密度都更好，所以在增强表征能力的同时，可以有效利用计算资源并增加推理速度。

（7）YOLOv7：YOLOv7 里使用的是 CSPVOVNet（一种网络结构），这是 VoVNet 的一种变体。CSPVoVNet 不仅考虑到了前面所提到的模型设计问题，还分析了梯度在模型中的流动路径，通过这个来使得不同层的权重能够学习到更加多样化的特征。不管是训练阶段还是推理阶段，以上方法都能起到不错的效果，尤其是在推理方面，可以提升推理的速度与精度。此外，还提出了基于 ELAN（一种用于捕捉长距离依赖性的神经网络模块）的 Extended-ELAN（被扩展的高效长程注意力网络）方法。通过高效长程注意力网络来控制梯度的最短、最长路径，让更深的网络可以更加高效地学习和收敛。同时，也使用 expand（扩展）、shuffle（乱序）、merge cardinality（合并）来实现在不破坏原有梯度路径的情况下，提升网络的学习能力。无论梯度路径长度和大规模 ELAN 中计算块的堆叠数量如何，网络都能够达到稳定状态。

SSD 算法：SSD 是一种 one-stage 目标检测算法，引入了密集的锚点和多尺度技术。相较于传统的 one-stage 检测算法，SSD 可以在保持高检测率的同时，大幅减少虚警率。SSD 算法将网络中的特征层进行多尺度处理，通过不同大小和比例的锚点来进行目标检测。同时，SSD 通过将形状表达为偏移和类别分数来预测边界框，消除了回归和分类二者之间的耦合关系。

SSD 采用 VGG16 作为基础模型，并且做了以下修改：

（1）分别将 VGG16 的全连接层 FC6 和 FC7 转换成 3×3 的卷积层 Conv6 和 1×1 的卷积层 Conv7。

（2）去掉所有的 Dropout 层和 FC8 层。

（3）同时将池化层 pool5 由原来的 stride=2 的 2×2 变成 stride=1 的 3×3。

（4）添加了 Atrous 算法（hole 算法），目的是获得更加密集的得分映射。

（5）然后在 VGG16 的基础上新增了卷积层来获得更多的特征图以用于检测。

SSD 算法的一般流程如下：

（1）首先通过卷积神经网络（CNN）提取图像特征。

（2）然后对每个特征层运用一个包含多个比例大小的锚点。

（3）对每个锚点通过分类函数来预测物体出现的概率，并通过修改锚点的位置进行物体位置的校准。

（4）对于每个锚点，选择类别概率值最高的物体。

2.2.2.3.3 图像分割算法

图像分割算法可以将图像中的像素分成具有语义信息的不同区域，以便更好地理解图像。目前常见的图像分割算法有 FCN、U-Net、Mask R-CNN 等，下面我们对其作简单介绍。

FCN 算法：FCN 算法是一种专门用于解决图像分割问题的深度学习模型，旨在将卷积神经网络（CNN）应用于像素级别的分类，从而实现图像的分割。与传统的 CNN 模型不同，FCN 模型使用全卷积网络代替了全连接层，在端到端学习过程中可以输出像素级标签图像，以完成图像分割任务。

FCN 算法主要原理是将常规的全连接层替换为全卷积层，通过对特征图的卷积操作进行运算，实现针对每个像素的分类任务。FCN 算法中包含三个主要步骤：

（1）卷积神经网络（CNN）提取图像特征。

（2）将低分辨率特征图中的像素转化为高分辨率的像素。

（3）将输出的像素分类概率图进行后处理，得到原始图像的像素级标签图。

FCN 模型还利用了 skip-connection（跳跃连接）的方式，在该结构中，FCN 从网络的浅层特征和深层特征中获取不同层次的语义信息，并将其融合来提高模型的性能。

FCN 算法的流程如下。

（1）通过卷积神经网络（CNN）提取图像特征。

（2）利用上采样的方法将低分辨率特征图中的像素转化为高分辨率的像素，实现图像分割。

（3）对输出的像素分类概率图进行后处理，得到原始图像的像素级标签图。

U-Net 算法：U-Net 算法是一种常用于解决图像分割任务的卷积神经网络模型，由于其优秀的表现和灵活的网络结构，被广泛应用于图像分割、图像配准、超分辨率重构等医学图像处理领域。U-Net 算法的命名来源于其网络结构的外观，即类似于字母“U”的形状。这个结构具有两个路径。

（1）下采样路径（Contractive Path）：通过使用卷积、池化等操作来提取特征，并减少分辨率。在该路径中，U-Net 的下卷积模块通常包含两个卷积层，每个卷积层后跟一个池化层。

（2）上采样路径（Expansive Path）：通过使用反卷积、上采样等操作将图像恢复到原始大小以获得更细的分割信息。在这个路径中，U-Net 通常包含两个反卷积层和一个跳跃连接，将和下采样路径相同的层级进行连接。

对于每个像素，U-Net 优化它的标签（或类别），这样就可以进行像素级的图像分割任务。

U-Net 算法的原理是通过下采样和上采样的过程，以及跳跃连接的使用，将低分辨率特征和高分辨率特征有效地融合，从而提高分割算法的精度。用于融合不同分辨率的图像特征，可以分别提取高级别语义和低级别细节特征。

在训练 U-Net 模型时，常使用像 dice loss、cross entropy loss 等函数，这些函数可以更好地衡量训练数据的相似性，并使得训练的模型更加鲁棒。

Mask R-CNN 算法：Mask-RCNN 算法基于 Faster-RCNN 算法，并添加了一个 mask 分支，在分支中添加了一个 U-Net 作为 mask 预测的分割网络。因此，Mask-RCNN 分为两个主要部分，即目标检测网络和 mask 预测分支。当输入一张图像时，目标检测网络首先检测出图像中的目标及其所在的位置，然后将检测到的目标送入 mask 预测分支进行像素级别分割，最终输出精确的目标楼层。

总体来说，Mask-RCNN 的训练过程可以划分为以下几个步骤。

（1）从数据集中随机选择一批图像和对应的真实标签（Bounding Box 和 mask）。

（2）通过 Faster-RCNN 网络，为每个选择的图像预测出 Bounding Box 的位置和类别。

（3）基于每个 Bounding Box，将它们对应的特征图送入 mask 分支进行分割。

（4）计算 Bounding Box 和 mask 的损失，通过反向传播更新参数，优化整个模型。

为了更好地训练模型，Mask-RCNN 算法一般会使用交叉熵 loss 函数、ioU loss 函数等常用的损失函数来指导模型训练。

2.2.2.3.4 图像生成算法

图像生成（Image Generation）：图像生成是指利用神经网络生成类似真实图像的过程。最先进的图像生成算法之一是基于生成对抗网络（GAN）的算法，如 DCGAN、StyleGAN 等。这些方法利用两个神经网络分别进行真实图像和虚假图像的生成，然后对这两个网络进行训练，以提高虚假图像的真实性。

1）GAN 对抗技术的原理

GAN 对抗技术是一种基于对抗学习的生成模型，它由生成器和判别器两个模型组成。生成器和判别器之间存在着一种动态的博弈关系，即生成器生成假样本，判别器将真实样本和假样本进行区分，进而反馈给生成器，使其生成更加逼真的样本。

生成器和判别器分别由神经网络模型所组成，其中生成器输入噪声向量，输出与训练数据分布相似的图像。判别器输入真实图片和生成器生成的假图片，并输出对这些图片的预测结果。训练过程中，生成器尝试生成更逼真的图片来欺骗判别器，在此过程中，判别器通过将真实图片和生成图片分别作为输入来判断它们是否来自某个分布。这样在迭代训练的过程中，生成器生成的假图片越来越接近于真实图片，而判别器的准确率也越来越高，最终 GAN 完成了样本生成任务。

GAN 对抗技术的核心思想是在训练生成模型前，生成模型和判别模型进行竞争学习，从而让生成模型逐渐学习到真实数据的分布规律。而判别器通过学习来区别真假数据，提供网络的反馈信息。由于生成器和判别器在对抗的过程中互相协作，因此 GAN 对抗技术可以有效地应对传统生成模型所面临的过拟合和训练不稳定等问题。

2）GAN 对抗技术的训练

GAN 对抗技术的训练过程包含了生成器和判别器的训练两个部分。在训练过程中，首先从噪声向量开始，生成器将噪声向量转化为图像，然后判别器对真实和生成的图像进行预测，并返回损失。生成器根据判别器的反馈逐渐调整生成的图像，直到发现合适的生成图像。

函数是 GAN 训练中的关键因素之一。在 GAN 模型中，生成器和判别器的损失函数都是非凸函数，因此常使用交替优化的方法来避免陷入局部最优解。GAN 模型最常使用的损失函数是“对抗损失”和“重构损失”两者。具体而言，对于生成器，它通过将随机噪声向量作为输入，并生成虚假图像来欺骗判别器，其中生成器的目标是最大化对抗损失而最小化重构损失；而对于判别器，它的目标则是最大化对抗损失，最小化真实样本和生成样本之间的差异。

3）GAN 对抗技术的应用

GAN 对抗技术在图像生成和分割、人脸生成、图像修复、超分辨率等领域有着广泛的应用。GAN 对抗技术可以生成高逼真度的图像，如逼真人脸图像、景象图像等。下面是一些 GAN 技术的应用。

（1）深度伪造（DeepFake）：深度伪造是一种先进的合成技术，使用深度学习算法直接合成人物的图像或者视频。GAN 技术在 DeepFake 中发挥重要作用，生成器将原始的数据裁剪、缩放、抖动和加噪点等，使得生成的图像细节丰富而逼真度提高。在地址风格转换（CycleGAN）中，也使用了 GAN 技术，实现了一个地址照片“A”变成另外一个地址照片“B”的训练。

（2）图像超分辨率：使用 GAN 对抗技术可以实现超分辨率变换。目前，GAN 技术在图像超分辨率应用中是非常广泛的。数据中心中的源图像被放大并且替换成另一个重构的图像。这种技术还可以用于天气图像修复、视频图像处理等应用。

（3）图像分割：图像分割可以辅助计算机视觉技术辨别不同部分，在医学领域中有着广泛的应用。GAN 模型能够生成新的、与训练数据类似的数据样本。在这种情况下，生成器学会利用其他图像中的重要部分以及照片中基于颜色或纹理的其他信息。GAN 技术的广泛应用使得这种图像分割技术具有高准确性和鲁棒性。

DCGAN 算法：DCGAN 是 Deep Convolutional Generative Adversarial Networks（深度卷积生成对抗网络）的缩写。它是由实现卷积神经网络（CNN）的生成器和判别器构成的生成对抗网络（GAN）的变体，用于生成逼真的图像。

DCGAN 算法的核心思想是使用深度卷积网络作为生成器和判别器，同时利用卷积网络的特征提取能力，学习更高效的分布特征表示，从而生成更真实的图像。

DCGAN 算法将 GAN 算法的生成器和判别器都使用卷积模型来实现。其基本思路是使用一组卷积层代替全连接层，并使用一些规范化层，这样可以帮助网络在训练中保持稳定。

DCGAN 的网络典型结构包括一个生成器和一个判别器。

生成器：主要用于生成图像，将一个随机噪声作为输入，通过反卷积层逐渐生成图像。

判别器：主要用于判别图像的真假，将输入的图像经过卷积层逐渐提取特征，计算分类结果。

StyleGAN 算法是一种基于生成对抗网络（GAN）的图像生成算法，引入了以下两个创新点。

（1）空间变换网络（Spatial Transform Network，STN）：用于对节点进行传递，并对图像进行平移、旋转和缩放等操作，从而生成更高分辨率、更多变化的图像。

（2）交替生成器设计：按照网络结构的先后顺序，将原来的一个生成器拆分成两个解码器，使得生成器生成的图像更具变化性和多样性。

通过这些创新的设计，StyleGAN 能够生成更具可控性的高分辨率图像，并且有着更好的表现力、稳定性和逼真度。

StyleGAN 的算法原理基于 GAN 算法，它的生成器部分的设计更为复杂。相对于传统的 GAN 生成器，StyleGAN 的生成器采用了两个解码器的设计。

StyleGAN 的一个突出特点是，其能够自动调整图像的多个方面，例如面部表情、眼神、发型、年龄、气质等。

另外，StyleGAN 算法还采用了 Instance Normalization（IN）层（一种常用

的数据归一化层）和 Adaptive Instance Normalization（AdaIN）层（一种常用的数据归一化层）来调整图像的风格和纹理，从而使生成的图像具有更好的多样性和可控性。

2.2.2.4 自然语言处理算法

自然语言处理（Natural Language Processing，NLP）是人工智能领域的一个重要方向，它研究如何使计算机能够理解、处理和生成自然语言的文本。从应用的角度来说，自然语言处理算法主要分为以下六个方面。

2.2.2.4.1 文本分类算法

文本分类是将文本划分为不同的类别或标签的过程，在情感分析、新闻分类、垃圾邮件过滤、问题分类等方面有着广泛应用，较为经典的算法有 TextCNN、TextRCNN、BILSTM+Attention 等。

TextCNN 算法：TextCNN 是一种利用卷积神经网络（CNN）进行文本分类的算法，它具有以下三个核心部分。

（1）输入层：将文本内容转换成向量序列，通常使用 Word2Vec 方法进行文本向量化处理。

（2）卷积层：包括多个不同大小的卷积核，通过卷积操作提取出逐渐抽象化的文本特征。

（3）池化层：对卷积层的输出进行降维处理，选择最显著的特征，减少参数数量。

TextCNN 能够提取出文本的局部和全局特征，从而不需要像传统的方法那样依赖于单词或语言的先验知识。此外，它还能自动控制其所需的特征数量，并且具备所有 CNN 模型的优点，例如计算效率高等。

具体而言，对于一个长度为 n 的输入文本 x，TextCNN 将文本向量化后嵌入 Convolutional Layer（神经网络卷积层）1，得到一个较长的输出序列。其中，每个窗口大小为 h1 的卷积核都会扫过这个较长的序列，然后汇总层级特征。下一步，池化层通过选择 k 个最显著的特征标记，有效地选择了输入信息的局部重要特征。经过多个卷积层和池化层后，最后通过全连接层预测文本的类别。

TextRCNN 算法：TextRCNN 是一种利用循环神经网络（RNN）和卷积神经网络（CNN）进行文本分类的算法，它结合了 RNN 在处理序列数据时的优点和 CNN 在提取文本局部特征时的优点。TextRCNN 主要包括以下三个步骤。

（1）双向循环神经网络：将单词序列转换为一个向量序列。其中，TextRCNN 使用双向 LSTM（长短期记忆网络）对每个单词进行上下文信息拟合，将单词向量转换为文本向量序列。

（2）卷积层：对文本向量序列应用卷积操作，提取文本的局部信息。TextRCNN使用一些不同大小的卷积核对文本向量序列进行卷积，并将其汇总成单个特征向量以表示文本的局部信息。

（3）全连接层：将卷积层的输出，输入到全连接神经网络中，进行分类预测。TextRCNN通过将卷积层提取的局部信息和循环层学习到的全局信息相结合，能够更好地捕捉文本数据的特征信息，从而取得更好的文本分类效果。

BILSTM+Attention算法：BILSTM+Attention主要使用了双向长短时记忆神经网络（BILSTM）和注意力机制（Attention）。它可以在单一模型上进行结合，处理以前的文本分类问题，具有准确度高、鲁棒性强等优点。

BILSTM+Attention的主要步骤如下。

（1）输入处理：将输入的文本单词序列通过单词嵌入或单词向量化的方式将单词转化为向量。

（2）双向LSTM模型：使用BILSTM模型，分别正向输入向量序列和反向输入向量序列，每个时刻的输出包括前向和后向的信息。

（3）注意力机制：利用注意力机制，更多关注与分类有关的词汇，得到相应的权重向量。

（4）池化层：将得到的权重向量与LSTM模型的输出进行累积，得到文本特征表示。

（5）输出层：传统的全连接神经网络模型用于分类任务，对文本进行分类。

相比于传统的文本分类算法，BILSTM+Attention模型加入了注意力机制的思想，使得模型更加关注与分类任务相关的词汇，提升了模型的准确率和鲁棒性。

2.2.2.4.2 实体识别算法

实体识别是从文本中自动抽取出与指定类型相关的实体。常见的实体类型包括人物、组织、地点、时间和数量等概念。常用的算法有BILSTM+CRF。

BILSTM+CRF算法：BILSTM+CRF是一种常用于序列标注任务的深度学习模型，如实体识别。它结合了双向LSTM（BILSTM）和有向条件随机场（CRF）两种模型，能够通过学习训练数据中的上下文信息，来对给定文本序列进行实体标注。

BILSTM是一种RNN的变体，同时能够前向和后向处理输入序列的信息，并将上下文信息注入每个单词的向量表示中。CRF模型建模了标注序列的联合概率分布，通过考虑相邻标签对序列进行约束来避免标注错误，实现更加优秀的标注结果。

下面是BILSTM+CRF算法的主要步骤。

（1）输入处理：将输入的文本单词序列通过单词嵌入或单词向量化的方式将单词转化为向量。

（2）双向 LSTM 模型：使用 BILSTM 模型，分别正向输入向量序列和反向输入向量序列，并将输出通过拼接的方式组合成单个向量序列。

（3）CRF 层：对序列按时间步的顺序应用条件随机场（CRF）模型进行标记预测。

CRF 将每个时间步的标记概率作为自己和相邻时间步的标记之间的转移概率，从而维护一次标注任务的全局标记一致性，并进行最优标注的选择。

BILSTM 和 CRF 两层结合在一起，BILSTM 负责特征提取并将上下文信息编码到单词的表示向量中，CRF 负责标记序列的发现和模型训练，来对给定文本序列进行实体标注。

2.2.2.4.3 情感分析算法

文本情感分析是指利用自然语言处理和文本挖掘技术，对带有情感色彩的主观性文本进行分析、处理和抽取的过程。目前，文本情感分析研究涵盖了自然语言处理、文本挖掘、信息检索、信息抽取、机器学习和本体学等多个领域。

从人的主观认知来讲，情感分析任务就是回答如下问题："什么人？在什么时间？对什么东西？哪一个属性？表达了怎样的情感？"因此情感分析的一个形式化表达可以如下：entity（描述实体），aspect（属性），opinion（情感），holder（观点持有者），time（时间）。比如以下文本"我觉得 2.0T 的 XX 汽车动力非常澎湃"，其中将其转换为形式化元组即为（XX 汽车，动力，正面情感，我，/）。需要注意的是当前的大部分研究中一般都不考虑情感分析五要素中的观点持有者和时间。

除了简单的情感正负判别外，情感的细粒度分析是更为重要的，细粒度情感分析即是需要抽取涉及正负面情绪表达的情感词汇，从而能更准确地捕获句子意图。在细粒度情感分析方面，基于 Bert 模型的 Unified 算法效果较为显著。

模型由两层双向的 LSTM 组成，第一层的 LSTM 输出要做一个辅助任务，这个任务是捕捉 aspect（属性）的边界信息。通过这个辅助训练，让底层的 LSTM 学习到边界信息；同时，第一层的输出经过 softmax 函数（归一化指数函数）后也会加入第二层的输出里面一起预测最终的 token（用于表示用户身份的标识）标签。

2.2.2.4.4 机器翻译算法

机器翻译是将一种语言转换成另一种语言的过程，主要有以下两种算法：

1）基于循环神经网络的机器翻译算法

基于循环神经网络（RNN）的机器翻译算法是采用循环神经网络作为基础模型的翻译方法。该方法使用的是序列到序列（Seq2Seq）模型，其中编码器将源语言文本编码为向量表示，解码器将向量表示解码为目标语言文本。

在基于 RNN 的机器翻译中，编码器和解码器通常采用长短时记忆网络（LSTM）或门控循环单元（GRU）来处理输入序列的不同部分。LSTM 和 GRU 是一种循环神经网络的变种，其具有一种机制，可以帮助网络学习长期依赖性，并防止梯度消失或爆炸。

Seq2Seq 模型由编码器和解码器两个部分构成。编码器将源语言文本编码为向量序列，解码器将向量序列解码为目标语言文本。在编码和解码过程中，模型的状态可以传递到下一个时间步骤，从而传递上下文信息。编码器将源语言文本编码为一个固定长度的向量，解码器将这个向量解码为目标语言文本。

2）基于 Transformer 的机器翻译算法

Transformer 是一种新型的深度学习架构，用于解决从序列到序列的各种自然语言处理任务，如机器翻译、语言建模等。Transformer 模型在编码和解码序列时，不同于基于循环神经网络（RNN）的算法，采用了自注意力机制。

基于 Transformer 的机器翻译算法主要由以下两个部分组成。

（1）Encoder（编码器）：处理源语言的句子，利用多层的自注意力机制编码句子，生成对于语义信息编码到隐层向量中，这个编码过程是并行的。编码器中每层都由自注意力机制和前向神经网络两部分组成，可以从不同的角度捕获输入句子的语义表示。

（2）Decoder（解码器）：接收到编码器的输出后生成目标语言的句子，同样利用多层的自注意力机制来解码，把编码器得到的信息和其他外部信息集成在一起，生成最终的翻译句子。其中，解码器的每个位置只能看到前面的位置，同时需要预测下一个位置的输出。

Transformer 训练时一般采用 Teacher Forcing（是一种训练神经网络生成模型的技术），即在训练过程中使用正确的目标语言标签作为解码器的输入，而不是使用前一个时间步的解码器预测输出。

相对于基于 RNN 的机器翻译模型，基于 Transformer 的机器翻译模型能更好地处理长序列信息，能够在更高的并行性和效率下训练模型，而且效果也更好。

2.2.2.4.5 对话问答算法

智能问答系统是自然语言处理领域中一个很经典的问题，它可以用来回答人们以自然语言形式提出的问题。这需要对自然语言查询语句进行语义分析，包括关系识别、实体连接、形成逻辑表达式，然后到知识库中查找可能的备选答案，再通过排序机制回答出最佳答案。当知识库中没有非常匹配的答案时，也可以调用 Seq2Seq 模型生成合适的答案。

（1）检索型问答系统：检索型问答系统通过搜索问题所对应的知识库中的信

息，并提供一个或多个可能的答案。这种系统能够快速回答并定位到具体答案，但是对于涉及逻辑推理和语义理解的复杂问题不太适合。

（2）基于规则的问答系统：基于规则的问答系统使用人工编写的规则或模板，用于分析问题并生成答案。这种系统对于特定的问题非常有效，但是对于复杂的问题和问题集的开放性不足。

（3）基于统计的问答系统：基于统计的问答系统使用机器学习算法对大量的自然语言语料进行训练，学习如何将问题匹配到已知的知识库中的答案。这种系统的优点是能够处理异构的文本集合和问题集，并且能够智能地维护和更新知识库，适用性更广。

（4）基于深度学习的问答系统：基于深度学习的问答系统将自然语言理解和知识表示融合在一起，使用深度神经网络从大量的语料中学习有关语言的语义信息。这种系统对于复杂的问题和细粒度的语义理解有较好的表现，但其缺点在于需要大量的训练数据和计算资源。

2.2.2.4.6 知识图谱构建

知识图谱本质上是一种语义网络，将客观经验沉淀在巨大的网络中。其中，结点代表实体（entity）或概念（concept），边（edge）代表实体 / 概念之间的语义关系。成熟的图数据库如 neo4j、Dgraph、JanusGraph，都可以用来存储知识图谱。

知识图谱更加广泛地被认知的是一个三元组的表示形式。就是有三个值，第一个值表示第一个实体，第二个值表示第二个实体，中间值是两者之间的关系。

要构造一个完整的知识图谱，是非常复杂的系统工程。会涉及 schema（本体）的构造，会有知识抽取或关系抽取的概念语言，还需要对知识推理（关系推理）的结果进行质量评估。此外，需要对知识抽取的监督算法进行样本标注，或对自动标注的样本进行效果确认。

因为知识图谱构建是一个巨量的复杂工程，这里我们不对其做进一步的介绍，感兴趣的读者可自行参阅相关书籍或文献。

2.2.2.5 强化学习算法

强化学习是一种基于试错的学习方法，其目标是让智能体在与环境的交互中学习如何做出最佳决策，以实现最大化的回报。在强化学习中，智能体可以使用不同的算法来学习和优化策略。下面是几个常见的强化学习算法。

2.2.2.5.1Q-Learning 算法

Q-Learning 算法是一种基于值函数的强化学习算法，它的主要目标是通过更新动作 - 状态的 Q 值函数来指导智能体做出最优决策。Q-Learning 算法旨在学习动作 - 状态值函数 Q（S，A），其中 S 为状态，A 为动作，Q（S，A）表示在状态 S 下执行动作 A 的价值情况。Q-Learning 算法的核心思想是在当前状态下选择最优动作来实现最大化的奖励，并利用 Bellman 方程来更新 Q 函数。

在 Q-Learning 算法中，智能体通过与环境交互并不断更新 Q 函数，最终达到根据奖励值的最大化指导决策的目的。算法的基本流程如下：

（1）初始化 Q 值函数为任意值。

（2）与环境交互，得到当前的状态 S。

（3）选取执行动作 A，可以采取贪心算法或者 ε-greedy 策略。

（4）执行动作 A，得到新的状态 S’ 和奖励值 r。

（5）更新 Q 值函数。

（6）重复步骤（2）～步骤（5）多次，直到 Q 值函数收敛。

Q-Learning 算法中采用贪心算法或者 ε-greedy 策略来选择执行的动作。其中，贪心算法选取当前状态下 Q 值最大的动作，而 ε-greedy 策略则在贪心算法的基础上增加一个随机概率，以便探索更多的动作选择，避免过度依赖已知策略。

2.2.2.5.2DQN 算法

DQN 算法是一种基于深度强化学习的 Q-Learning 算法，它采用深度神经网络来逼近动作 - 状态值函数 Q（S，A），以实现更好的决策。DQN 算法最初由 DeepMind 微软研究院团队于 2013 年提出，并在 2015 年的 Atari 游戏中大获成功，成为深度强化学习领域的里程碑之一。下面将从算法原理、网络结构、经验回放机制和应用场景等方面详细叙述 DQN 算法。

DQN 算法继承了 Q-Learning 算法的核心思想，但对于 Q 值函数的逼近采用了深度神经网络来替代传统的表格法，以处理具有大量状态空间的问题。DQN 算法包括以下几个关键步骤：

（1）初始化一个深度神经网络作为 Q 值函数近似器。

（2）选择初始状态 S，并根据 ε-greedy 策略或者 softmax 策略求解得到状态 S 下的最优动作 A。

（3）执行动作 A，得到新的状态 S’ 和奖励值 r。

（4）保存（S，A，r，S’）到经验回放缓冲区中。

（5）从经验回放缓冲区中采样 N 个经验元组（S，A，r，S’）。

（6）计算最小化平方差损失函数的梯度下降更新深度神经网络模型参数。

（7）重复步骤（2）～步骤（6）多次，直到收敛。

DQN 算法采用离线学习方法进行训练，即先将多个状态 - 动作值对保存到经验回放缓冲区中，然后从经验回放缓冲区中随机抽取一批状态 - 动作值对进行训练。这种方法的优点是可以减少训练的偏差，提高训练的稳定性。

在 DQN 算法中，智能体采用深度神经网络来逼近 Q 值函数。深度神经网络通常包含多个卷积层和全连接层，以提取状态空间中的特征。其中，卷积层用于提取图像语义特征，全连接层用于将卷积层输出的特征转化为 Q 值。DQN 算法中的深度神经网络结构包括以下几个关键步骤。

（1）输入层：接受状态 S 作为输入。

（2）卷积层：通过滤波器提取状态 S 的特征，例如图像的边缘、角和形状等。

（3）池化层：将卷积层输出的特征图缩小到更小尺寸，以减少参数数量和计算量。

（4）全连接层：将所有池化层特征汇聚到一个全连接层，以获得 Q 值。

（5）输出层：输出每个动作的 Q 值。

2.2.2.5.3DDPG 算法

DDPG 算法：DDPG（Deep Deterministic Policy Gradient，深度确定性策略梯度）算法是一种基于深度学习和强化学习相结合的算法，它可以有效地解决具有连续动作空间的问题。DDPG 算法是基于 Actor-Critic（一种强化学习算法）框架的深度强化学习算法，它分别使用了一个 Actor（策略）网络和一个 Critic（价值）网络来学习策略和价值函数。下面将从算法原理、Actor 和 Critic 网络、经验回放机制和应用场景等方面详细叙述 DDPG 算法。

DDPG 算法采用了 Actor-Critic 框架，其中 Actor 网络学习了一个最优策略，Critic 网络学习了一个最优价值函数。DDPG 算法包括以下几个关键步骤。

（1）初始化 Actor 网络和 Critic 网络参数。

（2）选择初始状态 S，并通过 Actor 网络确定最优动作 A。

（3）根据选择的动作 A 执行环境，得到新的状态 S’和奖励值 R。

（4）存储（S，A，R，S’）的经验到缓冲器中，以供后续学习使用。

（5）从经验缓冲器中随机选择 mini-batch（一种在机器学习中常用的训练算法）的数据，用于更新 Actor 网络和 Critic 网络参数。

（6）更新 Actor 的参数，使其输出的动作最大化 Critic 网络的 Q 值。

（7）更新 Critic 的参数，使得其价值函数的输出值最小化时间间隔误差。

（8）重复步骤（2）～步骤（7）多次，直到收敛。

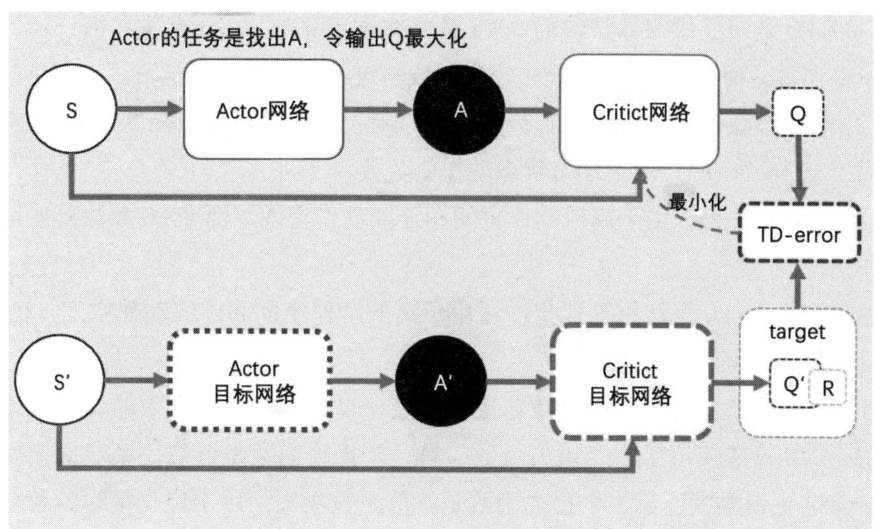

值得注意的是，在 DDPG 算法中，Actor 网络和 Critic 网络均采用深度神经网络来逼近策略和价值函数。

Actor 网络：Actor 网络负责生成最优策略，其输入是状态 S，输出是动作 A。Actor 网络在 DDPG 算法中扮演着决策者的角色。网络结构通常包括多层全连接层和激活函数，以逼近策略函数。Actor 网络的目标是最大化 Critic 网络输出的 Q 值。

Critic 网络：Critic 网络负责学习最优的价值函数，其输入是状态 S 和动作 A，输出是状态和动作的 Q 值。网络结构通常由多层全连接层和激活函数构成，以逼近 Q 值函数。Critic 网络在 DDPG 算法中扮演着评估者的角色。其目标是最小化 TD 误差，以提高 Critic 网络的 Q 值预测准确性。

经验回放机制：DDPG 算法中的经验回放机制与其他深度强化学习算法类似，其目的是提高样本的利用率和避免样本之间的相关性。DDPG 算法也采用了储存经验并进行随机采样的方式，以将经验存储到缓冲器中。缓冲器在训练过程中，随机从缓冲区中选取一小批数据用于计算目标精度和更新参数。

DDPG 算法使用两个神经网络（Actor 和 Critic 网络）来学习策略和值函数，采用经验回放机制来训练网络，并通过目标网络来稳定训练过程。

2.2.2.5.4PPO 算法

邻近策略优化（Proximal Policy Optimization，PPO）算法的网络结构有两个。PPO 算法解决的问题是离散动作空间和连续动作空间的强化学习问题，是 onpolicy 的强化学习算法。

PPO 和之前讲过的 DDPG，都是基于策略梯度的强化学习算法，但它们之间还是有一定的区别。

（1）PPO 是在线学习算法，而 DDPG 是离线学习算法。PPO 算法在每一步中都会更新策略参数，而 DDPG 算法则是先收集一段轨迹，然后再进行学习。

（2）PPO 算法使用了近端比率裁减损失，用于限制策略更新幅度，而 DDPG 算法则使用了 Q-learning，用于学习状态动作值函数。

（3）PPO 算法可以用于离散动作空间和连续动作空间，而 DDPG 算法只能用于连续动作空间。

总体而言，PPO 算法更加稳定，适用于离散动作空间和连续动作空间，而 DDPG 算法则适用于连续动作空间。

PPO 算法的核心思想是限制策略更新幅度，以达到稳定、高效的训练结果。具体来说，PPO 算法使用了两个损失函数：第一个损失函数是近端比率裁剪损失，用于限制策略更新幅度；第二个损失函数是价值函数损失，用于优化策略。两个损失函数的加权和就是 PPO 算法的总损失函数。

2.2.2.5.5 TRPO 算法

TRPO 是一种模型优化算法，通常用于深度强化学习中。TRPO 通过定义一个“信任区域”来限制每次策略更新的大小，从而防止过快地更新，提高算法的效率和训练速度。

怎么理解“信任区域”呢？假设现在我们的策略已经能够在当前任务上取得一定的效果，而我们希望进一步优化策略以获得更好的效果。一种简单的方法是每次按一定比例调整策略的参数，比如可以采用梯度上升的方式，每次按照贡献较大的梯度方向微调参数。如果步长过大，就可能使性能急剧下降。所以我们需要限制每次调整的范围，从而保证新策略参数不会太远离当前表现良好的区域。这个限制就是“信任区域”。

具体的应用方法是，将每次优化目标定义为最大化在当前策略后产生收益的期望值。互信息是用于度量新旧分布之间的差异的一种方法。基于这种方式，TRPO 就可以使用某种约束方法，保证优化过程在线，保证原来策略的性能，每次搜索得到的都具有良好的性能，从而更快地收敛。TRPO 算法采用最小二次约束优化方法模拟牛顿法更新策略的参数，然后通过策略评估函数进行策略评估，以获得新的收益。

TRPO 的另一个基本组成部分是高斯分布，TRPO 假设策略参数服从高斯分布，并且使用一个自然梯度方向来调整它们。自然梯度方向是相对于 Kullback-Leibler（KL，相对熵）散度的基本导数方向而言的，对于参数化的分布，可以显著降低收敛时间。

TRPO 算法的优势是，它可以解决策略优化中过度更新导致的过度拟合以及增量策略更新时会遇到的优化方向问题。

在无线网络方面，目前并没有一个明确而统一的算法体系，需要我们根据实际场景，对相关的问题进行适当转化。由此，则可以利用合适的机器学习算法、图像处理算法或者自然语言处理算法进行处理，从而实现无线网络的进一步优化。

2.3 物联网技术

2.3.1 物联网技术在无线网络中的应用

物联网（Internet of Things，IoT）是指将网络连接应用于个人、家庭、车辆、工业设备、城市基础设施等物品，实现智能化、自动化、信息化的一种技术。无线网络是 IoT 实现技术之一，以下是物联网技术在无线网络中的主要应用。

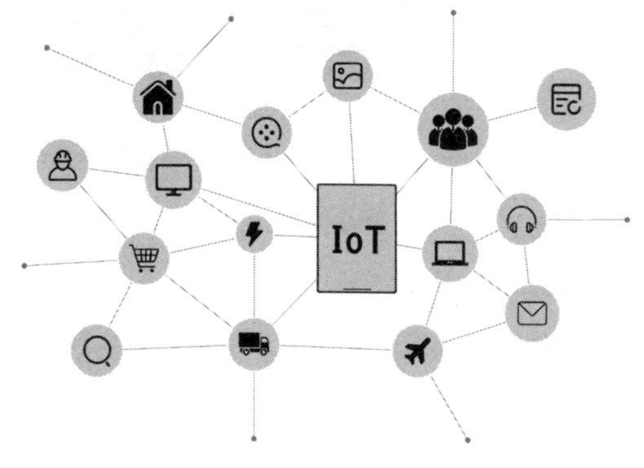

2.3.1.1 低功耗无线网络

物联网设备通常使用能耗低的无线网络连接到互联网。常见的低功耗无线网络技术有蓝牙（Bluetooth）、低功耗 Wi-Fi（Wi-Fi HaLow）、无线射频识别（RFID）、ZigBee（紫峰协议）和 LoRa（远距离无线电）等。这些技术都具有低功耗、短距离和低速率的特点，可以满足 IoT 设备对连接的基本要求。

蓝牙技术是一种短距离、低功耗的无线网络技术，常用于连接物联网中的传感器、智能家居、健康监护设备等。而低功耗 Wi-Fi 则可以连接到远程物联网网关，用于建立远程连接和云服务。无线射频识别技术主要用于跟踪和管理物流及库存，跨越长距离、削减人力成本。ZigBee 和 LoRa 技术则适用于需要长距离传输且无须频繁连接的应用，如智能城市的智能路灯系统和智能停车场系统。

2.3.1.2 移动网络

移动网络是指基于移动通信技术提供无线连接的网络。移动网络可以覆盖广泛的区域，满足物联网设备远距离通信的需求。移动网络包括 4G 和 5G 两种技术，其中 5G 技术因其高速率和低延迟，被认为是连接物联网的关键技术之一。

移动网络在物联网中的应用包括智能家居、智能健康、智能制造等。例如，在智能家居中，移动网络可以通过 IoT 设备和家庭智能助手实现远程控制，如远程控制空调、热水器等。在智能健康方面，移动网络可以通过连接医疗传感器和云服务，实现远程健康监护和诊断。在智能制造领域，移动网络可以连接生产线和设备，并监测设备状态和生产效率，提高生产效率和减少成本。

2.3.1.3 网格网络

网格网络是一种“多跳”无线网络，由大量的中继节点组成。网格网络可以覆盖大片地区，但需要设备之间互相通信转发消息。网格网络在物联网中也有广泛的应用。例如，在智能城市中，网格网络可以连接城市中的传感器和控制器。通过获取各种数据并根据这些数据进行调整，城市可以实现更有效的能源使用和减少交通拥堵等问题。

2.3.1.4 增强现实（AR）和虚拟现实（VR）技术

增强现实和虚拟现实技术可以通过无线网络连接到互联网，并与 IoT 设备通信。这些技术通常会与智能手机、平板电脑和头戴式虚拟现实设备等结合使用。通过 AR 和 VR 技术，用户可以使用 IoT 设备来探索增强现实和虚拟现实应用，例如，在智能家居中，用户可以使用 AR 应用程序来查看和操控家庭设备，或者在游戏中使用 VR 设备来控制虚拟角色。

2.3.1.5 安全和隐私保护

在物联网技术中，保护设备的安全和保护用户的隐私是至关重要的。无线网络技术可以实现多种安全措施，以保护物联网设备和数据。具体而言，包括以下几个方面。

（1）加密传输：保证传输过程中的数据不被窃听或篡改。

（2）身份验证：确保设备和用户都是合法的，并有授权访问特定的数据和服务。

（3）权限管理：管理用户对数据和服务的访问权限，以防止未经授权的访问或使用。

（4）事故响应：通过监测和警报系统来响应任何发生的故障或入侵事件，及时修复或隔离问题。

同时，物联网技术的发展提高了隐私保护和数据安全的标准。例如，IoT 设备和应用通常会要求用户对其数据进行明确的批准和授权，而且第三方开发人员必须遵守访问和使用数据的严格规定。

2.3.2 物联网关键技术

物联网是一项复杂的技术，需要多项关键技术的支持。这些技术包括无线网络、嵌入式系统、数据采集和处理、数据存储和管理、安全和隐私保护、云计算以及人工智能和大数据等技术。

2.3.2.1 无线网络技术

无线网络技术是实现 IoT 设备互联的关键技术之一。IoT 设备与云端之间的通信通常使用无线网络。

（1）无线网络技术可以让 IoT 设备之间实现高效的通信，而无须物理联系。它允许设备之间直接连接并相互通信，无须另外的接口或工具，大大简化了设备之间的数据传输和协同工作。

（2）无线网络技术还可以帮助 IoT 设备进行远程传感和控制。IoT 设备都具有一定的控制能力，它们通过与云中应用程序和服务的交互，可以实现对其他设备和物品的远程控制和管控。无线网络技术因其强大的遥测和遥控能力而成为 IoT 系统的重要组成部分。

（3）无线网络技术还可以降低设备部署和管理的成本。相较于传统有线连接技术，无线网络技术会减少对物理设施和数据中心的需求，从而降低企业的成本。此外，它还可以提供更好的设备灵活性和管理可扩展性，便于企业随着需求的变化而维护和管理 IoT 设备。

无线网络技术包括 Wi-Fi、蓝牙、ZigBee、LoRa 等技术。根据使用环境的不同，选择不同的无线网络技术，应对不同的使用场景和应用需求。例如，Wi-Fi 技术具有较快的速率、较高的带宽和较短的传输距离，适用于较小的范围内数据传输；而蓝牙和 ZigBee 技术适合低功耗、短距离的连接，可用于智能家居和物联网传感器等领域。

2.3.2.2 嵌入式系统技术

物联网设备通常由微处理器、传感器、执行器、存储器和通信模块等组成。为了保证物联网设备的稳定性和可靠性，需要使用高性能、低功耗的嵌入式处理器。嵌入式系统的设计需要考虑处理数据和控制设备的能力、存储器容量、传感器和执行器的接口、通信协议、电源管理等方面的问题。在物联网设备设计中使用嵌入式系统，可以保证设备的可靠性、高效性和低功耗性。

其中，传感器在物联网中扮演了实现智能感知和数据采集的重要角色，承载了监测、感知和反馈物理世界的任务，为物联网的应用提供数据支持，是实现物联网全面智能化的核心制约因素。传感器可以将环境参数转换成电信号传输到其他设备或系统中进行分析和处理。传感器可以监测的参数包括温度、湿度、压力、光线、声音、位置等，具体分类还包括光学传感器、气体传感器、湿度传感器、压力传感器、声音传感器、温度传感器和位移传感器等。传感器的尺寸和形状可以根据不同的应用需求进行微型化或者封装，以实现方便安装和更高的可靠性。

传感器的主要功能有以下几点。

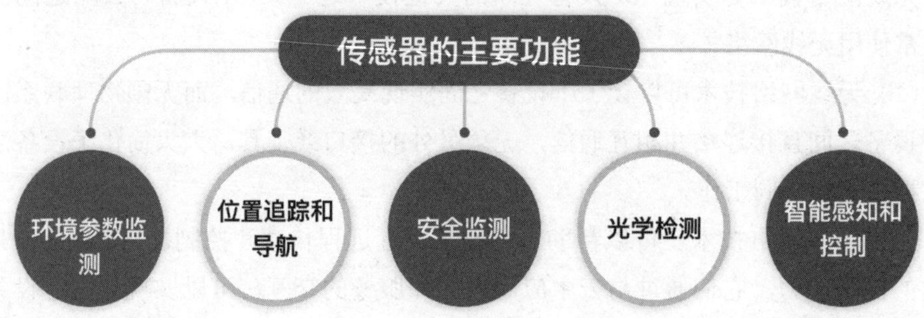

（1）环境参数监测：传感器可以监测物体、环境和设备的各种参数，例如温度、湿度、压力、光线等，将环境参数转换成电信号传输到其他设备或系统中进行分析和处理，让物体与周围环境保持同步，实现全方位的环境感知。

（2）位置追踪和导航：传感器可以通过全球定位系统、北斗、惯性导航等技术实现物体的位置追踪和导航，不仅可以实时定位物体的位置，还可以分析物体移动的轨迹和速度信息，为应用提供更多的数据支持。

（3）安全监测：传感器可以检测危险环境的异常事件，例如烟雾传感器可以监测房间内是否存在烟雾，提前发现火灾等潜在危险，提高人们的安全防护意识。

（4）光学检测：传感器可以监测光线强度、颜色和方向，开发成各种光学检测设备，如相机、扫描仪等，可以应用到图像识别、激光测量、模拟现实环境等领域。

（5）智能感知和控制：通过在物联网应用场景的数据采集和指令传输，传感器可以实现智能感受环境，对设备供给进行调控或者启动一段命令，例如智能家居、智能农业等。

在部署传感器时，需要考虑以下几个方面的要素。

（1）传感器的类型和数量：不同的环境需要不同类型和数量的传感器，例如在工业制造时需要监测温度、湿度、气压等参数，因此需要多个传感器，而家庭环境可以只用一种或少量的传感器来监测环境参数。

（2）传感器的密度：不同领域的应用对传感器密度的要求不同，例如在车辆行驶中，需要安装更多的传感器来确保行车安全。在智能家居环境中，传感器密度可以相对较低。

（3）传感器的精度：传感器需要根据应用场景的不同需求，进行精度和灵敏性的调整和设计，以确保获得最准确的数据。

（4）传感器的位置：传感器的安装位置非常重要，因为它应该布置在足够接近目标的位置来保证获得准确的数据，并且不会遭到接收到错误信息的干扰。

当前，RFID（Radio-Frequency Identification，无线射频识别）已发展成为物联网设备的最重要系统，它由三个主要部分组成：RFID 标签、RFID 读写器和 RFID 中心软件系统。标签是一个由集成电路、射频天线和封装材料构成的微型射频标签，用于存储物品信息和位置数据，以及接收和发送无线射频信号。读写器是用于读取标签内部信息的设备，它可以通过射频信号与标签进行无线通信，并将读取到的数据传输到数据中心。中心软件系统对 RFID 进行数据管理和消息传递，将读取到的标签数据整理成易于分析的形式，并将它们与企业的业务系统进行集成。

RFID 标签是 RFID 系统的基础组件。标签可以分为主动式和被动式两种类型。主动式标签具有自主电源，可定期发出信号。而被动式标签不具备自主电源，通常依靠读写器的激活信号进行操作。标签还可以分为易失性和非易失性两种存储类型。易失性存储类型标签只能在读写器与该标签之间直接交流数据。而非易失性存储类型标签可以存储信息以供稍后取回，这种标签通常含有存储器。

RFID 读写器是将标签信息读取到数据中心的设备。读写器由一个天线和一个具有 RFID 解码功能的读写器模块组成。读写器将接收到的无线信号解码并将数据包传输到数据中心。读写器通常提供网络通信功能，它们通过各种标准即具有可扩展性，可解决各种规模的 RFID 系统应用。读写器可以轮流查询多个标签，这样可大大加速标签的检索和读取速度。读写器有时也被称为扫描仪或采集器。

RFID 中心软件功能强大，支持为标签分配唯一 ID、管理标签库、数据分析和统计、数据交换等操作。RFID 中心软件常常封装了具有分布式数据管理功能的企业资源计划 ERP 等业务软件，它们共同组成编排和读取 RFID 标签数据的整个系统。例如，RFID 可以在存储设备上安装，并将其与现有的库存管理软件集成，以实现更多的存取控制和提供精确的库存记录。

在部署 RFID 系统时，需要考虑以下几个方面：

（1）标签的类型和数量：根据应用需求和物品情况的不同，可以选择不同类型的 RFID 标签，如主动式标签和被动式标签。在考虑标签数量时，需要充分考虑业务流量和物品数量，以确保数据采样具有说服力。

（2）读写器室内 / 室外定位：读写器应该部署在合适的位置，以便捕捉尽量多的标签数据。例如，部署在学校图书馆的读写器可以捕捉阅读者带有 RFID 标签的书和其他资料的数据。

（3）RFID 设备的调试和优化：在 RFID 设备调试和优化过程中，可以根据数据收集、分析结果和需求的反馈，逐渐优化 RFID 系统的性能。

2.3.2.3 数据采集和处理技术

IoT 设备的核心功能是对环境数据进行采集和处理。不同的应用场景需要不同类型和精度的传感器来采集环境数据。例如，温度、湿度、氧气浓度的传感器可以用于环境监测，压力、速度、位置的传感器可以用于车辆控制。

IoT 数据处理和分析是采集的数据的核心。通过数据分析，可以得到同样重要的信息，如产品需求、生产率以及获取更深刻的认知等。这种信息可以用来做出更好的商业决策、预测结果、使生产过程自适应，并且还可以使用机器学习和其他类型的人工智能算法进行自动化。IoT 数据处理是将采集的数据导出并处理为有用信息的过程。下面是 IoT 数据处理的技术：

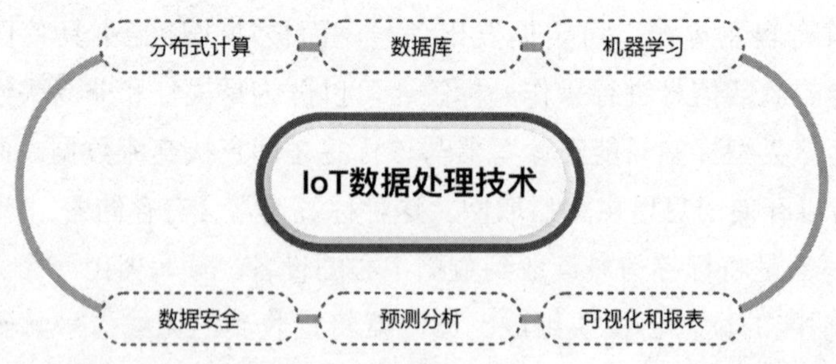

（1）分布式计算：IoT 系统中的数据太大，无法在单台计算机上进行处理。解决这个问题的一种方法是采用分布式计算。分布式计算通过在多个计算环境中使用多个计算节点来加速数据处理。

（2）数据库：存储 IoT 数据的传统关系型数据库可以处理结构化数据。当采集的数据非常大的时候，这种方法不可行。为此，可以使用 NoSQL 数据库（例如，Cassandra、MongoDB 或 Couchbase），它们可以处理结构化和非结构化数据，具有更好的可扩展性和分布式存储技术。

（3）机器学习：物联网也利用了机器学习来发现真实世界中的模式和规律。这些技术包括神经网络、朴素贝叶斯分类器，例如随机森林和支持向量机。可以通过这种方法去预测结果、自动化操作和可视化数据。

（4）可视化和报表：IoT 数据的可视化很重要，因为它可以帮助用户更好地理解数据、发现模式和关系并做出更好的商业决策。可视化和报表可以通过多种方式进行，例如仪表板、图表、地图和其他工具。

（5）预测分析：数据分析的另一种类型是预测分析。这种技术可以帮助预测未来的活动、结果或趋势。使用预测分析，可以在生产中优化流程、保障安全和健康的工作方式，并优化商业过程、资源分配和市场营销。

（6）数据安全：随着 IoT 设备数量的增加，数据泄露和安全问题也开始成为一个大问题。所以在数据采集、传输和处理的过程中，数据的安全和隐私都应得到充分的保护。数据的安全措施包括区块链技术、身份验证、加密和访问控制等多种方法。

2.3.2.4 数据存储和管理技术

物联网设备生成的数据量很大，需要存储和管理这些数据。为了满足物联网数据的实时性和可用性，需要使用高效、可靠的云计算服务来分析、存储和管理 IoT 数据。此外，IoT 数据的存储和管理需要考虑数据隐私和安全等问题。在数据处理和存储方面，常用的技术包括 SQL 和 NoSQL 数据库、大数据分析和 AI 技术等，这些技术可以在数据分析和决策中发挥很大的作用。

建立高效、可靠的 IoT 数据存储解决方案可以从以下几个方面考虑。

（1）数据库技术：传统关系型数据库不能满足 IoT 的存储要求。传统数据库无法存储非结构化或异构数据。相反，NoSQL 数据库适合 IoT 系统。常见的 NoSQL 数据库有 MongoDB、Cassandra 和 Couchbase 等。

（2）运算存储：运算存储是一种具有高速计算、数据存储、网络连接和大规模分布能力的架构。它是通过将计算模块、存储模块和网络模块紧密集成在一起，来启用高度可伸缩性和低延迟的存储和处理效率。

（3）分布式文件系统：分布式文件系统是另一种 IoT 存储技术，它分散存储数据在多个独立设备中，减轻了将所有数据集中存储的压力。常用的分布式文件系统有 Hadoop 和 GlusterFS 等。

（4）云存储：云存储是一种基于云服务的存储模式。它存储在云中的数据可以随时随地进行访问、传输和处理。常见的云存储服务有 Amazon S3、Microsoft Azure 和 Google Cloud Storage 等。

2.3.2.5 安全和隐私保护技术

保护物联网设备和数据的安全和隐私是至关重要的。物联网设备常存在安全漏洞，可被攻击者利用来获取设备控制权或窃取数据。因此，保护物联网设备和数据的安全和隐私成为物联网应用中的一个重要问题。

物联网的安全保护包括数据传输加密、设备身份验证、访问控制、物理安全和远程设备管理，能帮助防止未经授权的访问和提高系统安全性。以下是一些常见的安全保护技术。

（1）数据传输加密：数据传输加密是一种保护网络的重要方式。TLS（安全传输层协议）和 SSL（安全套接层协议）是两个最流行的加密通信协议，可以用于保护 IoT 设备之间的通信。此外，还可以使用 VPN（虚拟专用网络）来确保物联网设备之间的安全数据传输。

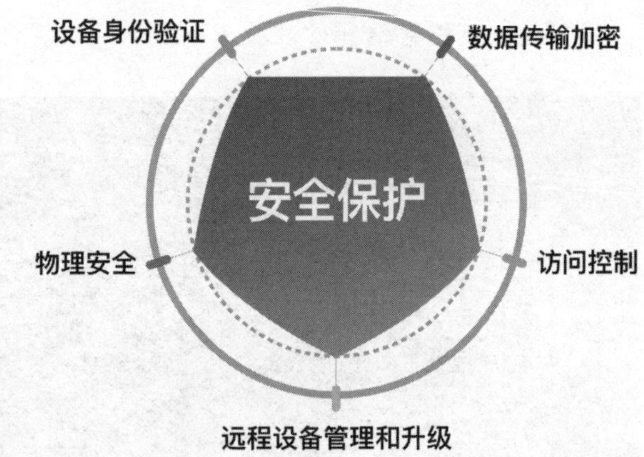

（2）设备身份验证：保护物联网网络不受潜在攻击的另一个技巧是设备身份验证。使用身份验证方式，可以在网络中建立基于角色和权限的访问控制。访问控制可以防止未经授权的程序或人员访问网络资源。使用基于标准方式的身份验证，如 OAuth（开放授权）等，可以帮助 IoT 及其相关系统验证通信中的设备或用户。

（3）访问控制：物联网网络的访问控制是一种功能，通过该功能，可以控制系统管理人员、系统开发人员和其他相关人员对网络资源的访问。访问控制通常由安全意识培训、角色和权限管理、非法入侵侦测等方式来支持。

（4）物理安全：物理安全是一种保护物联网设备免受物理攻击和恶意活动的方法。对于物理安全，需要使用脆弱性评估工具来找出弱点。物理访问控制和视频监控也是保护设备免受物理攻击的关键方式。

（5）远程设备管理和升级：IoT 设备的安全和隐私保护要求设备在任何时候都能保持最新状态，防止恶意攻击。远程设备管理和升级是一种常用的解决方案。此类服务通过固件更新、配置更改、激活 / 禁用、维修 / 保养以及远程监控，来确保物联网系统处于最新状态，并能够降低风险。

物联网的隐私保护依赖于对用户数据的收集和处理。大量的 IoT 数据（包含个人数据，如位置、行为以及个人偏好等信息）被采集，这些数据需要在收集、传输和处理过程中得到严格保护。以下是保护 IoT 系统隐私的一些常见技术和措施。

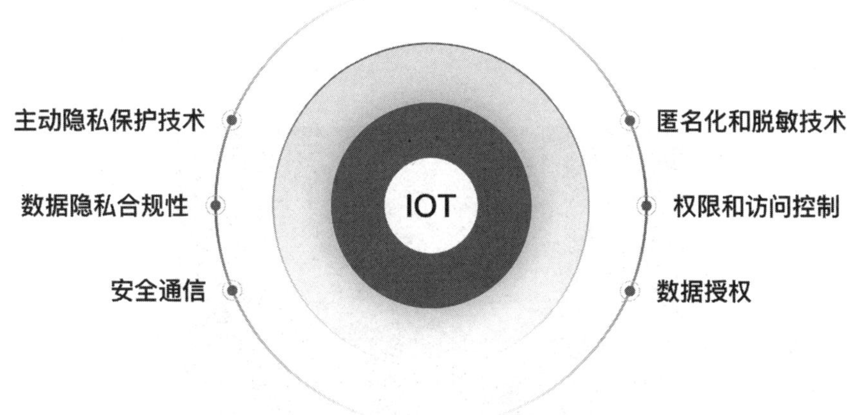

（1）主动隐私保护技术：主动隐私保护技术可以掩盖个人信息，如处理匿名数据以保护个人隐私，即脱敏技术。这意味着在收集数据之前从源头上清除个人标识并替换为凭证，并在传输期间使数据匿名化。

（2）安全通信：保护 IoT 通信的安全是保护 IoT 隐私的重要措施。使用安全和加密通信协议，如 HTTPS（超文本传输安全协议）、TLS 等，可以保证数据传输的机密性和完整性。

（3）数据隐私合规性：数据隐私合规性可以确保数据处理和存储符合隐私法规。企业应该遵守各国的数据隐私法规，并采取相应措施来管理用户数据的收集和处理。例如，经过充分的授权后，数据可以被用于生产相关的经济数据报表。

（4）匿名化和脱敏技术：数据匿名化和脱敏技术可以帮助保护个人隐私。匿名化技术可以让用户数据无法识别或链接到特定的个人。脱敏技术则是将一些敏感的信息删除或替换为模板，以保护个人隐私。

（5）权限和访问控制：为了保证数据安全和隐私，应该设置严格的权限和访问控制措施，以防止未经授权的人员访问敏感数据。这包括设备身份验证、数字证书、访问控制和身份认证等技术。

（6）数据授权：对于用户数据，应该在数据授权上进行规范。数据授权是指授权适当的应用程序和企业访问特定的用户数据。应在明确而又透明的情况下对数据授权。企业和应用程序应该向用户告知他们如何使用收集的数据。

综上所述，IoT 的安全和隐私保护是使用 IoT 技术和解决 IoT 安全问题的重要措施，这是实现 IoT 应用和应用成功的关键要素之一。通过使用数据加密、设备身份验证、访问控制、物理安全和远程设备管理等技术，可以增强 IoT 系统的安全。此外，通过使用主动隐私保护技术、安全通信、数据隐私合规、数据授权等技术，可以保护用户的隐私数据。这些技术的相互协作可以有效保护 IoT 系统的安全和隐私。

2.3.2.6 云计算技术

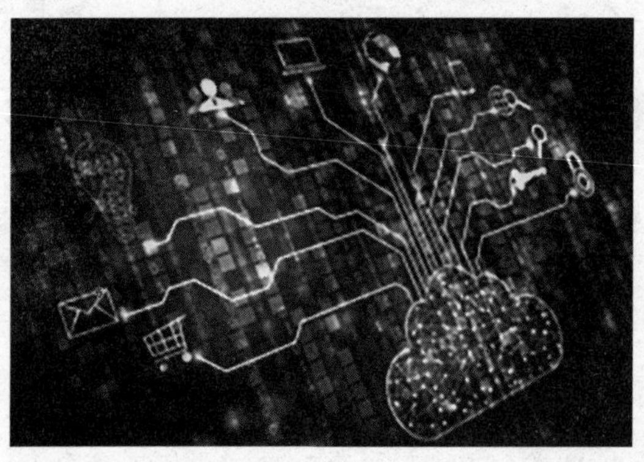

云计算技术是支持物联网应用的基础设施之一。它为物联网设备提供数据分析、存储和计算资源，并可以通过广泛的接口和应用程序接口（API）进行通信。具体而言，云计算可以提供以下优势：

（1）通过云计算平台，物联网设备和应用可以在上面托管，减少设备的数据处理需求和维护成本。

（2）云计算还提供了弹性计算资源，可以根据物联网应用的需求对计算资源进行动态分配。

（3）通过云计算，物联网设备和应用可以最大限度地实现数据共享和合作。

2.3.2.7 人工智能和大数据技术

人工智能和大数据技术通常与物联网应用一起使用。人工智能技术可以将物联网设备采集的数据进行智能分析和自适应性处理，优化物联网应用的性能和能效。

例如，机器学习算法可以根据 IoT 设备采集的数据实现自适应的物联网应用控制；深度学习算法可以针对 IoT 设备采集的声音、图像等数据进行人工智能处理，实现物联网设备的智能感知。数据挖掘技术可以帮助物联网应用识别异常事件，提取数据特征和预测趋势，为 IoT 设备和应用提供更多的数据驱动支持。

2.4 云计算技术

2.4.1 云计算技术在无线网络中的应用

云计算技术在无线网络中的应用非常广泛，借助云计算技术，无线网络能够更加高效地处理大量数据和信息，从而使得用户获得更好的服务体验。

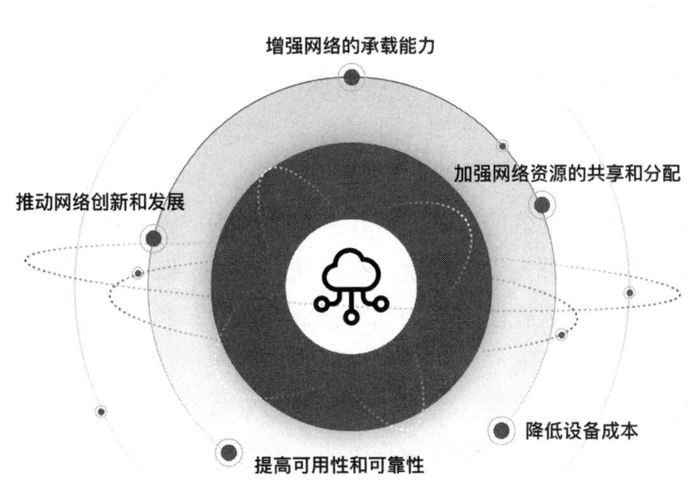

（1）增强网络的承载能力：在现代通信中，无线网络面临着许多大数据流量的挑战。这些流量在不断增长，使得无线网络的承载能力面临着严峻的考验。云计算技术可以通过提供分布式处理、资源共享、弹性扩展等手段，显著提高无线网络的承载能力。例如，当用户需要在线观看高清视频时，视频数据需要在短时间内通过网络传输。如果用户与视频服务器之间的距离较远，会导致数据传输时延增大，从而影响用户的观看体验。而使用云计算技术，可以将视频数据存储在离用户更近的缓存服务器中，从而减少数据传输时延，提升用户体验。

（2）加强网络资源的共享和分配：如何在无线网络中更好地共享和分配网络资源是一项关键的任务。通过使用云计算技术，无线网络可以更灵活地管理和分配资源，从而使得网络资源得到更加有效的利用。例如，当多个用户同时使用无线网络时，网络容易发生拥塞现象。通过使用云计算技术，无线网络可以根据用户需求动态分配网络资源，从而提高网络的运行效率和用户体验。

（3）降低设备成本：基于云计算技术的无线网络可以通过共享计算、存储和其他资源来降低网络设备的成本。通过这种方式，无线网络可以更加经济地实现资源和服务的共享，从而降低网络的运营成本。例如，当无线网络需要进行大规模的数据处理时，可以通过云计算技术将部分计算资源转移到云端，从而减少设备的负担，并节省部分网络开支。

（4）提高可用性和可靠性：基于云计算技术的无线网络可以提高系统的可用性和可靠性。使用云计算技术可以通过提供多个设备的数据冗余和备份来保证网络的稳定性和可靠性。从而减少网络中断和故障，并提高用户满意度。例如，当无线网络需要进行故障恢复时，可以通过云计算技术备份相关数据和设备状态，从而使得网络能够更加快速地恢复。

（5）推动网络创新和发展：基于云计算技术和无线网络技术的深度结合，可以使得网络能够更好地应对未来的挑战。云计算技术在无线网络中的应用可以促进网络技术的创新和发展，同时为用户提供更好的服务。例如，随着无线网络的发展，越来越多的新应用和新服务涌现出来。通过使用云计算技术，无线网络可以更好地支持这些新服务，并根据用户需求进行不断更新和升级。

总之，现代无线网络是一个非常复杂的系统，云计算技术作为一种先进的计算模式，已经成了无线网络技术的重要补充。可以说，在无线网络中，云计算技术具有广泛的应用前景。通过提高网络的承载能力、加强网络资源的共享和分配、降低设备成本、提高可用性和可靠性、推动网络创新和发展等方面的优势，云计算技术在无线网络中的应用将会越来越广泛和深入。未来，云计算技术将会继续在无线网络中发挥重要作用，同时，随着无线网络和云计算技术的不断发展，我们也有理由相信将会有更多的新技术和新应用涌现出来，给我们的生活带来更多便利和美好。

2.4.2 云计算关键技术

云计算关键技术主要有移动边缘计算、移动云计算和虚拟化技术。

2.4.2.1 移动边缘计算技术

移动边缘计算技术是一种新兴的计算模式，它将处理数据和运行应用程序的计算能力移动到靠近数据源和终端用户的边缘节点，以实现低延迟、高效能的计算和服务。而云计算则是以数据中心为中心的计算模式，利用云端的计算资源、存储和网络等实现数据的存储、处理和分析。在云计算的基础上，结合移动边缘计算技术，可以形成更加完善的云计算方案，并为应用于无线网络、物联网、智能城市等领域提供更好的服务。

移动边缘计算技术主要通过在边缘节点上部署微小的计算设备、传感器和软件，将与终端用户最紧密相关的服务和计算能力放到边缘节点上，以实现低延迟、高带宽的快速数据处理。而云计算通过使用大量的计算、存储和网络资源，为企业和个人提供大规模的服务。这两种技术的结合被称为移动边缘云计算（MEC）。

移动边缘云计算技术让边缘和云计算结合起来，通过在边缘节点上部署云服务，使得用户可以获取到更高质量的服务和更低延迟的响应。通过在边缘节点上部署虚拟化技术，可以将云计算的功能扩展到边缘领域，从而实现较低的时延、令人愉悦的用户体验和更高的带宽。

移动边缘云计算技术具有以下特点。

（1）低延迟：移动边缘云计算技术将云计算服务部署到边缘设备上，可以减少数据在传输时的延迟，实现低延迟的服务。例如，在自动驾驶汽车中，传感器会将实时数据发送到车辆上的边缘节点进行实时处理，并发送反馈结果，从而实现快速响应和处理。

（2）安全：移动边缘云计算技术可以实现数据和计算的本地化，从而保证数据的安全性。例如，在物联网场景中，数据的本地处理可以防止设备被恶意攻击或数据被泄露，提高了安全性。

（3）灵活性：移动边缘云计算技术可以根据用户的需求提供更加灵活的服务。例如，如果用户需要进行视频流媒体，边缘节点可以缓存视频并进行快速的传输，从而提高用户的使用体验。

（4）数据价值：移动边缘云计算技术可以让数据和计算能力更接近终端设备和用户。这样可以在终端设备和云服务之间建立一个数据流动链，使得数据更加有价值，并为用户提供更好的服务。

（5）节约系统资源：移动边缘云计算技术可以通过在边缘设备上进行本地数据处理和计算，以减少云计算系统的负载和压力，从而提高系统资源的利用率。

移动边缘云计算技术的实现依赖于多种技术。主要的技术包括以下几种。

（1）边缘节点的部署：移动边缘云计算技术的关键是将云计算服务部署到边缘设备上，使得用户或设备可以更加方便、快捷地获取到更高质量的服务。部署包括以下两个方面。

①边缘计算节点：边缘计算节点可以是一台小型服务器、路由器、微服务器或其他类型的设备。它在边缘网络中连接数据源和终端设备，为这些设备提供计算、存储和网络资源，以实现更快的响应速度和更高的可靠性。

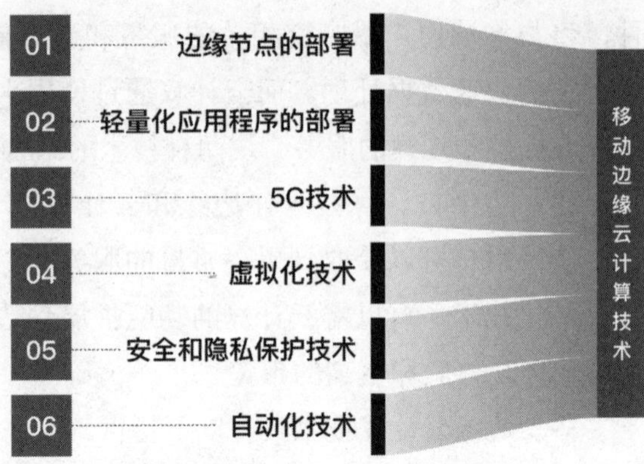

②云服务的部署：边缘设备上部署的云服务可以来自云提供商、运营商、第三方供应商或组织内部，这种云服务部署方式被称为边缘云。在边缘云模型中，运算和服务通过基于云的边缘服务器提供。这些服务器被部署在移动通信基础设施的边缘，以实现本地实时计算和处理数据，将结果传入云托管的世界以供高级处理，从而提高数据带宽和性能。

（2）轻量化应用程序的部署：移动边缘云计算作为一种在资源受限的设备上运行的轻量级应用程序，需要开发和优化轻量化的应用程序和服务。这些应用程序需要尽可能占用较少的存储器、网络带宽和处理器，以在边缘节点上保持快速和稳定。移动边缘云计算通常会采用一些特殊的软件技术，如容器化技术，使得应用程序和依赖项的打包和管理更加高效，从而提供快速和高效的部署和启动。

（3）5G 技术：移动边缘云计算需要高速、稳定的网络连接，5G 技术可以提供高速、低延迟和高带宽的网络连接，可以充分利用移动边缘计算的优势，实现更加快速、稳定和低延迟的数据传输和处理。

（4）虚拟化技术：虚拟化技术是将物理计算资源虚拟化为多个虚拟化设备的技术。在移动边缘云计算中，通过使用虚拟化技术和轻量化的应用程序在边缘节点上部署云计算服务，可以更加高效地使用资源，从而降低成本和提高可拓展性和扩展性。使用虚拟化技术，在边缘设备上部署物理服务器并创建多台虚拟机，可以为应用程序提供更高质量的服务和资源。

（5）安全和隐私保护技术：移动边缘云计算涉及大量的用户数据和隐私信息，因此安全和隐私保护技术也是移动边缘云计算的重要技术。例如，对于无线网络和物联网应用场景中的数据，可以在数据加密、数据存储和访问时长等多个关键点做出平衡。在隐私保护方面，移动边缘云计算需要对用户数据和隐私信息进行严格保护，只有经授权的使用者才能访问数据。

（6）自动化技术：移动边缘云计算需要实现自动化技术，以便提高系统的自适应性和可靠性。例如，在边缘节点上部署智能软件代理，可以实现自动化管理资源的分配和协调。这些代理可以根据用户的需要来动态配置分配资源，以便提供最佳的性能和质量。

移动边缘云计算技术的发展和应用前景广阔，通过发挥其独特的优势，可以为用户提供更好的服务和体验。同时，移动边缘云计算技术的应用也提出了一系列新的挑战和问题，例如如何处理多终端数据的一致性、如何解决虚拟化技术带来的性能问题等。因此，移动边缘云计算技术还需要进一步研究和发展，为未来的云计算服务提供更好的支持和保障。

以下是一些主流的移动边缘计算框架。

1）OpenNESS

OpenNESS 是英特尔公司开源的边缘计算框架。它提供了一个完整的软件平台，用于在无线电访问网（RAN）和核心网络之间实现低延迟、高数据吞吐量和高可靠性的边缘计算服务。以下是 OpenNESS 的一些主要特点和组件：

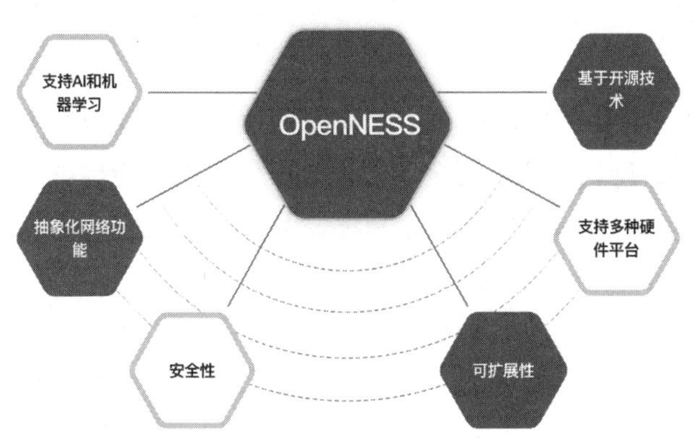

（1）基于开源技术：OpenNESS 采用了多种开源技术，包括 Kubernetes、Docker、Open vSwitch 和 CNI 等，从而实现更快的开发和部署。通过使用这些开源技术，开发人员可以更轻松地搭建和管理边缘计算环境。

（2）支持多种硬件平台：OpenNESS 支持多种硬件平台，包括英特尔和非英特尔的设备，以及多种不同类型的硬件架构。这使得 OpenNESS 适用于多种不同的应用场景，包括车联网、智能家庭、智慧城市等等。

（3）可扩展性：OpenNESS 具有良好的可扩展性，它可以根据应用需求动态地扩展计算和存储资源。开发人员可以通过添加新的边缘节点或扩大现有节点的计算和存储资源来满足不断增长的应用需求。

（4）安全性：在安全性方面，OpenNESS 提供了多层次的安全措施，包括加密通信、身份验证和访问控制等。这些措施可以确保数据在传输过程中的安全性和隐私保护。

（5）抽象化网络功能：OpenNESS 还提供了一套抽象化的网络功能，可以屏蔽网络的细节，从而降低网络集成和开发的难度。开发人员可以通过这些抽象化网络功能自由地配置和管理网络，而不必担心底层网络架构的细节。

（6）支持 AI 和机器学习：最后，OpenNESS 还支持 AI 和机器学习等高级计算任务。开发人员可以在 OpenNESS 中部署和管理 AI 和机器学习模型，从而实现设备边缘的智能化和自动化。

2）Multi-Access Edge Computing（MEC）

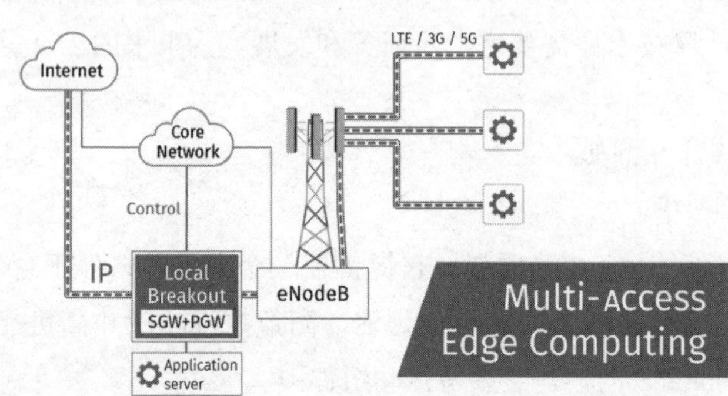

MEC 也称为移动边缘计算，是一种在移动网络中实现低延迟、高带宽、高时延准确性和更大可靠性的边缘计算平台。它为应用程序提供了一个在移动网络上的可编程和可动态调节计算和存储资源。以下是 MEC 的一些主要特点和组件。

（1）应用程序接口：MEC 定义了一组 API 和服务，允许应用程序在移动边缘上被调用和运行。这些 API 包括位置、流量管理、安全、身份验证和网络功能虚拟化等。通过这些 API，开发人员可以在边缘节点部署应用程序，从而提供低延迟和高可靠性的服务。

（2）运算方法：MEC 旨在在无线电访问网（RAN）或核心网络中增加计算和存储能力，并在两种网络之间分配数据。这些计算和存储资源可以直接扩展到设备边缘，从而提供实时的数据处理和分析。

（3）基于 NFV 技术：MEC 基于 Network Function Virtualization（NFV）技术，可以使用虚拟化技术在设备边缘上运行多种网络功能。这些网络功能可以以基础设施形式部署在设备上，而不是部署在网络中心，从而减少数据传输的延迟，提高网络速度和性能。

（4）环境无关性：MEC 架构是与环境无关的，这意味着同样的架构可以用于大多数环境和移动网络，无论是 5G、4G 还是 Wi-Fi 网络。这些特点使 MEC 适用于许多不同的应用场景，如车联网、智能家庭和智慧城市等。

（5）服务化架构：最后，MEC 的框架是一个服务化架构，可以提供网络、存储和计算服务。这种架构可以进行动态修改和管理，从而根据不同应用程序的要求，分配计算和存储资源。

3）Azure Edge Zones

Azure Edge Zones 是微软公司推出的一款移动边缘计算服务，旨在实现低延迟、高可用性和高安全性的边缘计算服务。以下是 Azure Edge Zones 的一些主要特点和组件。

（1）Azure 服务集成：Azure Edge Zones 与 Microsoft Azure 服务集成，可以实现在边缘设备和云端之间的低延迟通信和数据传输。它利用 Azure Stack Edge 硬件，以及来自云端的 AI 和机器学习服务，提供了一套完整的解决方案。

（2）灵活的部署选项：Azure Edge Zones 提供灵活的部署选项，可以根据不同的应用需求选择虚拟机、容器或无服务器函数等不同的部署模式。这些模式可以适应不同类型的应用程序和服务，并根据需要动态进行调整。

（3）安全性保障：Azure Edge Zones 提供了一套完整的安全性保障机制，包括设备身份验证、加密传输和存储、访问控制和安全审计等。这些措施可以确保数据在传输、存储和处理过程中的安全性和隐私保护。

（4）多种开发语言支持：Azure Edge Zones 支持多种开发语言，如 C、C++、Python、Java 和 Node. js 等，并支持开发人员将程序打包为 Docker 镜像，以便更轻松地在边缘环境中部署和运行应用程序。

（5）与第三方服务集成：Azure Edge Zones 还与第三方服务集成，如 TensorFlow、Kubernetes 和 Kafka 等。这些服务可以与 Azure Edge Zones 的机器学习和 AI 服务集成，从而实现更高级的计算任务。

4）Open Air In-terface（OAI）

OAI 是一款开源的软件框架，用于在移动边缘网络中实现低延迟通信和边缘计算服务。以下是 OAI 的一些主要特点和组件。

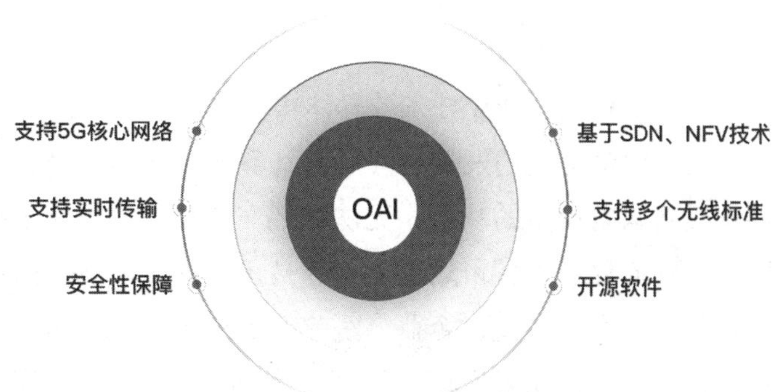

（1）基于 SDN、NFV 技术：OAI 基于 SDN 和 NFV 技术，可以使用虚拟化技术

在设备边缘上运行多种网络功能。这些网络功能可以直接扩展到设备边缘，从而提供实时的数据处理和分析。

（2）支持多个无线标准：OAI 支持多个无线标准，包括 2G、3G、4G 和 5G 等。这些标准可以满足不同类型的应用程序和服务的需求，并提供可靠的通信和边缘计算服务。

（3）开源软件：OAI 是一款开源软件，可以让开发人员进行自由的访问、修改和部署。这使得开发人员可以更好地理解 OAI 的工作原理，并根据自己的需求进行定制。

（4）安全性保障：OAI 提供了多层次的安全性保障措施，包括访问控制、身份验证和加密通信等。这些措施可以确保数据在传输过程中的安全性和隐私保护。

（5）支持实时传输：OAI 支持实时传输，可以在硬件和软件之间传递数据，实现低延迟和高可靠性的通信和计算任务。

（6）支持 5G 核心网络：最后，OAI 还支持 5G 核心网络，可以为 5G 网络提供完整的计算和通信服务。这些功能可以帮助开发人员构建更快、更强大的边缘网络，并优化网络性能和用户体验。

2.4.2.2 移动云计算

移动云计算技术是将云计算与移动计算相结合的一种计算模式，通过将计算能力转移到云端来提高移动设备的计算、存储和通信能力。移动云计算技术采用一系列技术手段，包括移动应用程序、云存储、移动网络通信、虚拟化技术、数据中心、云安全等，以实现强大的计算能力和灵活的服务。

下面是移动云计算技术的具体实现方法。

（1）移动应用的发展：移动云计算技术的基础是移动应用程序的发展。早期的移动设备只有简单的功能，无法像现在的智能手机和平板电脑一样运行大量的应用程序。随着移动设备市场的发展和技术的进步，现在的移动应用程序已经非常多样化，包括社交、游戏、企业、医疗等各种类型的应用程序。移动应用程序提供了一种方便的方式，让用户可以随时随地访问信息。移动应用程序可以从云端获取和存储数据，也可以通过计算能力强大的云服务器执行运算任务。移动应用程序一般采用 RESTful Web Services 架构，以便快速访问到云上的服务和数据。RESTful Web Services 是一种轻量级、高效、灵活的 Web 服务架构，它基于 REST 原则来设计和实现。REST（Representational State Transfer）是一种 Web 服务架构样式，其核心是将浏览器和 Web 服务器之间的通信进行分离，为 Web 应用提供了一种简单而强大的数据传输机制。RESTful Web Services 的核心理念是将 Web 应用程序作为“资源”，通过 URL 标识和获取这些“资源”，并使用 HTTP 协议的基本方法（如 GET、POST、PUT 和 DELETE）来操作这些“资源”。RESTful Web Services 主要有以下特点。

①轻量级：RESTful Web Services 使用轻量级的数据传输协议，通常使用 JSON 或 XML 格式。

②局部更新：使用 HTTP 的 PUT 和 POST 方法，只需要修改或添加更新的部分内容，而不是整个内容，从而减少数据传输和加快响应速度。

③无状态性：RESTful Web Services 不保存任何用户操作的状态信息，而是将用户操作信息当作“资源”进行处理。

④容易缓存：由于 RESTful Web Services 基于 HTTP 协议，可以利用 HTTP 协议的缓存机制，进一步提高 Web 服务的性能和可扩展性。

⑤基于标准：RESTful Web Services 使用 HTTP 协议作为通信协议，因此可以使用标准的 HTTP 工具进行开发和测试，降低开发和测试成本。

⑥程序透明：RESTful Web Services 没有任何特定的语言和平台限制，可以在任意的程序环境下进行开发和使用。

（2）云存储技术的应用：云存储是一种数据存储和访问方式，将数据存储在云端而不是本地设备上。移动设备的存储容量通常较小，无法存储大量的数据。为了满足用户存储和访问数据的需求，云计算提供了成本更低且更可靠的存储解决方案。通过使用云存储服务，用户可以轻松存储和访问不同类型的数据，如照片、文档和视频等。

（3）移动通信技术的发展：移动通信技术作为移动云计算技术的支撑，它的快速发展扩大了移动计算的范围。较早的移动通信网络，如 2G 和 3G 网络，提供了较慢的数据传输速度，限制了移动计算在移动领域的应用。现代移动通信技术，如 4G 和 5G 网络，则提供了更高的数据传输速度和稳定性，并扩大了移动云计算的应用方向，如数据传输、游戏、在线视频、远程办公等。

（4）虚拟化技术的应用：虚拟化技术是将物理计算资源虚拟化为多个虚拟化设备，实现资源的快速和灵活的分配。在移动云计算中，虚拟化技术被广泛应用于移动设备和云端资源的管理，以实现更好的资源利用和灵活性。例如，用户可以使用虚拟化技术在移动设备上运行一个云操作系统，然后使用这个操作系统访问云服务，并从中获取所需要的服务和资源。

（5）数据中心技术的发展：数据中心是一种集中式的计算架构，用于存储、处理和管理大量的数据和应用程序。数据中心的发展可以为移动云计算提供稳定的支持，通过数据中心可以提供大量的计算资源和存储资源，从而提高移动设备的计算能力和存储空间。同时，数据中心还提供了一种强大的安全机制，保护用户数据和隐私。

（6）云安全技术的应用：安全是移动云计算技术中必不可少的一环，因为对于用户的数据和隐私来说，安全性是最为重要的。移动云计算技术采用多种云安全措施，包括数据加密、虚拟私有网络、流量管理、入侵检测、身份验证等，以保护用户数据和隐私。

综上所述，移动云计算技术是一种计算模式，通过将计算能力从移动设备转移到云端，在移动通信、虚拟化技术、数据中心、云安全等方面采用多种技术手段实现移动设备的更好的计算和存储能力。移动云计算技术已经被广泛应用于各种应用程序，比如社交、游戏、医疗和企业场景等。同时，在移动云计算技术的实施过程中，也面临着一些挑战和问题，如安全性、管理成本、性能和用户体验等方面。为了进一步推广移动云计算技术，在提升技术和服务质量上继续探索和改进技术手段的同时，也需要对移动云计算应用的政策和法律进行审查和规范，从技术和管理方面确保移动云计算技术的可持续、安全和稳定性，为用户提供更好的计算与通信体验。

2.4.2.3 虚拟化技术

虚拟化技术是将物理资源（如服务器、存储和网络设备等）抽象成为多个虚拟、独立的资源，使得多个操作系统和应用程序在同一物理设备上运行而不相互影响，降低设备成本、提高运行效率和资源利用率的技术。

虚拟化技术可以大大提高 IT 资源的利用率和运行效率，因此被广泛应用于云计算、大数据、移动互联网、物联网和边缘计算等领域。虚拟化技术关键技术主要包括虚拟机监视器、虚拟网络和虚拟存储等技术。其中，虚拟机监视器是保证虚拟化技术顺利运行的核心技术，而虚拟网络和虚拟存储技术则是使得虚拟化技术的运作更加灵活和高效的关键技术。虚拟化技术的高可用性和负载均衡技术也是虚拟化技术不可或缺的技术组成部分，可以帮助实现更加智能化、自动化的虚拟化运维管理。

目前，虚拟化技术主要分为服务器虚拟化、存储虚拟化和网络虚拟化三个方面。

1）服务器虚拟化

服务器虚拟化是虚拟化技术的重要分支，它将物理服务器划分为多个虚拟服务器，每个虚拟服务器可以支持不同的操作系统和应用程序。常用的服务器虚拟化技术有 VMware、KVM 和 Hyper-V 等。具体实现方式如下。

在原始物理资源上安装虚拟化软件，如 VMware vSphere、Microsoft Hyper-V 和 OpenStack 等。

在虚拟化软件上创建一个“虚拟机监视器”（VM Monitor），负责对硬件、内存、网络和 CPU 资源进行管理和分配。

在虚拟机监视器上安装一个或多个虚拟机，每个虚拟机都是一个完整的虚拟化软件实例。虚拟机操作系统可以是 Windows、Linux 和 Unix 等。

通过虚拟机监视器，虚拟机获得对物理服务器的独占访问。虚拟机之间的通信和物理服务器的资源共享由虚拟机监视器进行调度和管理。

2）存储虚拟化

存储虚拟化技术是将不同存储设备抽象成为单个逻辑存储单元，并对它们进行管理和使用的一种技术。存储虚拟化技术包括磁盘虚拟化和数据存储虚拟化，其中磁盘虚拟化可以更好地配合虚拟机，提高虚拟机的性能和管理。存储虚拟化的一般实现方式如下：

（1）将磁盘阵列 Hardware RAID 或 Software RAID 从物理存储设备中抽象出来，形成虚拟设备。

（2）在虚拟设备上提供多个虚拟磁盘卷，每个虚拟磁盘卷可以包含多个物理磁盘。

（3）通过虚拟磁盘卷提供虚拟磁盘，来为应用程序提供数据存储服务。

3）网络虚拟化

网络虚拟化是将不同的网络物理设备、协议和技术进行抽象，形成各种独立的虚拟网络，虚拟网络可以随时创建、改变及删除，并且多个虚拟网络可以共享一个物理网络资源。常见的网络虚拟化技术包括 VXLAN、GRE、VLAN 和 Open vSwitch 等。

VXLAN（Virtual Extensible Local Area Network，虚拟扩展局域网）：通过在 MAC 地址上叠加一个虚拟网络标识，来构建一个可扩展的虚拟网络。每一个 VXLAN 网络可支持 1600 万个独立的网络。

GRE（Generic Routing Encapsulation，通用路由封装协议）：将一个 IP 包封装在另一个 IP 包之中，使其能够在多个网络间进行传输。

VLAN（Virtual Local Area Network，虚拟局域网）：将一个物理交换机划分为多个虚拟交换机，每个虚拟交换机可以与其他虚拟交换机隔离，从而提高网络安全性。

Open vSwitch：一个开源的虚拟交换机软件，可以在多种虚拟化实现平台上运行。

2.5 安全技术

在无线网络中，有许多种威胁。

（1）窃听和拦截：黑客可以通过监听和拦截无线网络中传送的数据包来获得敏感信息。

（2）投毒攻击：攻击者可以发送虚假数据或消息到网络中，引起各种严重后果，例如，通过发送虚假的路由信息来导致网络瘫痪。

（3）DoS 攻击：DoS 攻击（拒绝服务攻击）是一种通过发送大量的无用网络数据包而导致网络拥塞的攻击行为。

（4）恶意接入：恶意接入是指攻击者通过互联网连接到无线局域网络并执行恶意行为的过程。这些攻击通常会使用高级技术，使其更难被发现。

（5）病毒和蠕虫：病毒和蠕虫可以通过无线网络传播，破坏网络安全。

2.5.1 安全技术在无线网络中的应用

需要采用多种技术措施来保护网络和个人数据的安全。

2.5.1.1 WPA 和 WPA2

WPA 是 Wi-Fi Protected Access 的缩写，由 Wi-Fi 联盟于 2003 年推出，旨在替换 WEP（有线等效隐私）协议，以改进无线安全性。WPA 核心思想是使用强化的加密算法和密码学技术来保护无线网络通信。WPA 协议包括两个主要的安全协议：

WPA-Personal 和 WPA-Enterprise。WPA-Personal 使用预共享密钥（PSK），是一种使用与每个用户设备相同的单个密钥加密所有数据的加密方法。所有连接到网络的设备都必须使用同一个密钥。WPA-Enterprise 则需要使用独立的认证服务器，用户必须输入用户名和密码才能访问 Wi-Fi 网络。WPA-Enterprise 相比 WPA-Personal 更为安全，但配置更为复杂。

WPA2 是 WPA 的继任者，是 Wi-Fi Protected Access2 的缩写。在使用 WPA 感受到不足之后，Wi-Fi 联盟早已开始推出 WPA2。WPA2 于 2004 年推出，是一个基于 IEEE802.11i 标准的无线网络安全协议，提供更高的密钥协议（AES），以增强网络的安全性。与 WPA 相比，WPA2 是更为强大、更为安全的协议。WPA2 提供了一种与高级加密标准（AES）相关的加密方式，称为 CCMP（Counter Mode with CBC-MAC Protocol）。AES 是一种可靠的加密算法，已被证明非常安全，即使最先进的计算机也无法解密它。

WPA2 同样提供以下两种连接方式：WPA2-Personal 和 WPA2-Enterprise，与 WPA 相关的连接方式相同。WPA2-Personal 使用预共享密钥（PSK），WPA2-Enterprise 则需要使用独立的认证服务器。

WPA 和 WPA2 之间的一个主要区别是使用的加密方式。WPA 使用 TKIP 加密算法，而 WPA2 使用 AES 加密算法。下面介绍一下这两种加密方式的详细信息。

TKIP：TKIP 是 WPA 协议中使用的加密算法，它使用 RC4 加密算法来加密数据。TKIP 的主要作用是解决 WEP 中存在的安全漏洞，因此，WPA 被认为比 WEP 更安全。TKIP 能够动态更新密钥，以提高安全性，但相比 AES 并不十分安全。由于 WPA 正逐渐被 WPA2 替代，因此 TKIP 也逐渐被弃用。

AES：AES 是 WPA2 使用的加密算法，它使用高级加密标准（AES）进行数据加密。AES 是一种可靠的加密算法，已被证明非常安全，即使最先进的计算机也无法解密它。与 TKIP 不同，AES 不使用向量，而是使用更安全的 CCMP（Counter Mode with CBC-MAC Protocol）模式。

在使用 WPA2 时，AES 加密被称为 WPA2-CCMP。WPA2-CCMP 不仅更加安全，而且速度也更快，因此逐渐取代了 WPA2-TKIP 和 WPA-TKIP。当然，要使用 WPA2-CCMP，需要确保所有连接到网络的设备都能够支持它。

2.5.1.2VPN

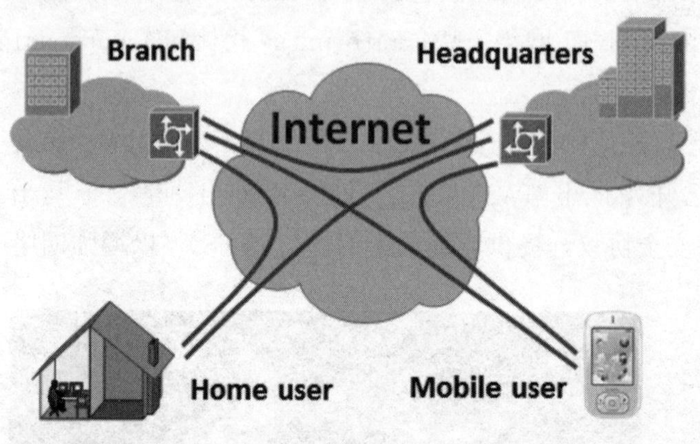

VPN（Virtual Private Network）是在公共网络上建立一个安全、私人网络的方法。通过 VPN，用户可以安全地连接到互联网或公司内部网络，并访问内部资源和数据。VPN 技术的使用越来越普及，因为它可以显著提高网络安全和保障隐私。

VPN 技术是指通过加密和隧道技术，在公共网络上建立私人网络的方法。VPN 技术可以使用户远程访问公司内部网络，也可以让用户在互联网上匿名地进行浏览和工作。使用 VPN 技术时，所有网络流量都将通过 VPN 连接，网络流量在每一端点加密和解密，以提高网络安全性。VPN 技术主要包括以下三个要素。

（1）加密技术：VPN 使用加密技术使所有数据流经公共网络时都经过加密保护。加密技术可以在发送之前对数据进行加密，并在接收之前对数据进行解密。这样可以防止外部人员或黑客获取不必要的网络数据。

（2）隧道技术：VPN 使用隧道技术将数据封装在受保护的“隧道”中。这个隧道通过公共网络，将数据从源端点传输到目标端点。隧道内的加密技术保护数据，而隧道技术保证了数据的传输安全。

（3）认证技术：VPN 使用认证技术来验证用户身份，以确保只有授权人员才能访问网络。通常，这需要用户输入用户名和密码以登录 VPN 连接。随着 VPN 安全保护的不断加强，现在更多的 VPN 技术提供双因素身份验证，例如指纹识别或令牌。

VPN 技术有两种类型：远程访问 VPN 和站点对站点 VPN。远程访问 VPN 是指远程用户通过 Internet 连接到公司内部网络的 VPN。它使远程用户能够安全地访问机构的内部资源。在远程访问 VPN 中，客户端软件通常与 VPN 网关路由器连接。站点对站点 VPN 是两个或多个网站之间的 VPN 连接。它使组织之间可以进行安全的共享和传输数据。在这种情况下，VPN 连接是在网关路由器级别进行的。在站对站点 VPN 中，VPN 可以是 Intranet VPN 或 Extranet VPN。

对于公司和个人而言，使用 VPN 可以带来以下几个方面的优点。

（1）提高网络安全：通过加密技术，VPN 可以在发送数据之前对数据进行加密。

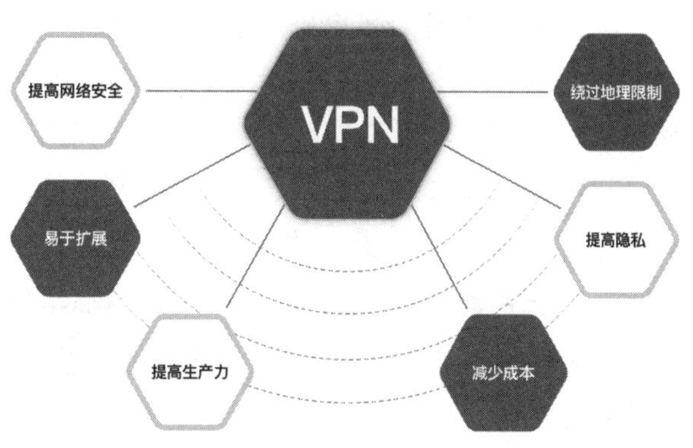

这可以防止数据泄露和黑客攻击，提高网络安全性。

（2）易于扩展：VPN 可以轻松地支持增加用户数量或添加新的 VPN 协议，从而可以轻松地进行扩展。

（3）提高生产力：VPN 提高了远程工作人员的生产力。远程用户可以在家或在出差期间访问公司的内部资源。

（4）减少成本：VPN 可以减少公司的通信成本，使全球许多公司能够快速地互相交流。同时，它可以降低远程工作的成本，并为大公司提供灵活的远程地点选择。

（5）提高隐私：使用 VPN 可以让用户在互联网上匿名地进行浏览和工作。VPN 将用户的 IP 地址隐藏在伪造的地址后面，从而增强用户的隐私保护。

（6）绕过地理限制：VPN 可以帮助用户绕过地理限制，访问多个国家的互联网内容和服务。例如，如果一个网络服务没有在用户所属国家提供服务，用户可以使用 VPN 来绕过地理限制，访问该服务。

2.5.1.3 802.1X 认证

802.1X 认证是一种网络访问控制技术，可以提高网络安全性，并控制哪些用户和设备可以访问受保护的网络资源。802.1X 使用认证服务器来验证用户身份，并请求特定权限以访问网络资源。

802.1X 认证的原理是通过三个实体（端口、客户机和认证服务器）来控制对网络资源的访问。端口是网络交换机上的物理接口，客户机是要访问网络资源的设备，认证服务器是验证客户端身份的服务器。

当客户机连接到交换机上的端口时，端口会处于未授权的状态，并不允许客户端访问网络资源。服务器向端口发送请求，端口需要通过认证服务器的验证才能授权客户机访问网络资源。

802.1X 认证包括三个组件。

（1）交换机端口：802.1X 认证开始时，端口处于未授权状态。当客户端发起会话时，端口将向认证服务器发送一个请求，请求已授权客户机访问网络资源。端口如果无法接受客户端的请求，将不会连接到网络。此系统确保网络安全，并允许网络管理员更好地控制网络访问。

（2）客户设备：客户机是连接到交换机端口的应用程序或设备，例如计算机、手机等。客户机必须在连接到网络时验证它的身份，并获得访问网络的权限。如果客户机没有通过身份验证，会被拒绝连接到网络。

（3）认证服务器：认证服务器是进行客户端身份验证的服务器。它接收由端口发送的验证请求并向客户端发送验证请求。它还检查客户端的凭据以确保其合法性。如果客户端无法通过身份验证，则不会授权客户端连接到网络。

802.1X 认证过程涉及三个主要组件：客户机设备、网络交换机和认证服务器。整个过程如下。

（1）认证开始：当客户端设备连接到交换机的端口时，端口处于未授权状态，这意味着客户端无法直接使用网络资源。认证服务器会向客户端发送一个要求身份验证的请求。

（2）客户机验证：客户机通过向认证服务器发送凭据进行身份验证。凭据可以是用户名和密码、数字证书或其他证书。认证服务器对客户端凭据进行验证，如果验证成功，则认证服务器向交换机发送消息授权客户端访问网络资源。

（3）网络连接：交换机授权客户机设备访问网络资源。客户端设备被分配一个专用的虚拟局域网（VLAN），并被连接到网络。一旦认证完成，客户端设备就可以自由访问网络资源，直到客户端设备从交换机端口断开连接。

802.1X 认证是提高网络安全性的有效方法，有以下几个方面的优点。

（1）增强网络安全：802.1X 认证可以确保网络只允许已获授权的用户访问。这可以防止未经授权的用户接入网络和窃取数据，从而增强网络的安全性。

（2）防止网络劫持：802.1X 认证可以帮助保护网络免受黑客劫持的威胁。黑客可能试图使用欺骗技术进行中间人攻击，从而让网络设备和用户暴露在威胁之下。802.1X 可以防止这种攻击。

（3）更好地进行访问控制：802.1X 可以提供更细粒度的访问控制，以控制用户的访问权限。只有经过身份验证的用户才能访问网络，这使网络管理员更加容易控制对网络资源的访问。

（4）可扩展性：802.1X认证可以针对不同的网络配置和用户类型进行个性化设置。这意味着网络管理员可以针对不同组的对象的特定类型的设备设置不同的网络访问级别。

（5）可管理性：802.1X认证提供了更好的管理性能，使网络管理员能够更好地了解网络的访问情况。这些分析可以使管理员更有选择地防范网络攻击并加强网络安全性。

2.5.1.4RADIUS

远程身份验证拨号用户服务（RADIUS）是一种网络安全标准，它提供了一种身份验证和授权机制，以协调用户访问企业网络和互联网资源。RADIUS通过为多个系统和服务提供统一的用户身份验证和授权，来提高网络安全性和管理性。本文将详细介绍RADIUS的基本原理、功能、架构、优点和安全问题。

RADIUS的基本原理是通过中心认证服务器共享、验证身份和访问权限以授权登录。RADIUS是一种开放式协议，它可以在多个网络设备之间共享信息和传输认证请求，以控制用户访问。

RADIUS服务包含了三个主要组件。

（1）RADIUS客户端：RADIUS客户端是用户使用的认证服务，它负责将认证请求发送到RADIUS服务器以进行认证。RADIUS客户端通常位于网络交换机、路由器和AAA安全服务器上。如果客户端是远程用户，则通过Internet或其他外部网络连接到网络。

（2）RADIUS服务器：RADIUS服务器是中央身份验证和授权服务器。当RADIUS客户端（例如网络设备）请求用户身份验证和授权时，服务器将验证用户的凭据，并在经过身份验证的用户与RADIUS服务器之间建立连接。如果验证成功，则RADIUS服务器将返回一个访问请求成功消息到RADIUS客户端。

（3）用户数据库：用户数据库是RADIUS服务器中存储用户凭据和访问权限的地方。它可以是本地数据库或外部的信息源，如LDAP目录、SQL数据库或其他认证服务器。

RADIUS认证通过控制用户访问网络资源来提高网络安全性。它提供以下功能。

（1）统一身份验证：RADIUS提供了集中式的用户身份验证和授权，多个网络设备可以在服务器上共享相同的用户验证信息，减少了管理成本。

（2）访问控制：RADIUS可以为每个用户设定不同的访问权限。这种访问控制可以基于特定用户、用户组、时间、位置或使用的设备等变量。这使得网络管理员可以更好地控制和跟踪用户的网络活动。

（3）监视日志：RADIUS可以创建监视日志，并记录用户登录、访问和使用网络资源的时间和地点。这些日志可以提供相反的取证和网络侦查工具，帮助管理员更好地了解网络活动和威胁追踪。

RADIUS 的客户端向中央 RADIUS 服务器请求身份验证和授权，以便控制对网络的访问。下面是一般的 RADIUS 认证流程：

（1）用户尝试使用 RADIUS 客户端来访问网络资源。

（2）RADIUS 客户端将用户请求发送到认证服务器。

（3）RADIUS 服务器向数据库请求用户的身份验证。

（4）如果用户身份验证成功，认证服务器会将一个访问请求权限返回给 RADIUS 客户端。

（5）RADIUS 客户端授权用户访问其请求的资源。

RADIUS 认证具有以下几个优点。

（1）安全性：RADIUS 认证提供了身份验证，授权和加密交易的安全性。它采用标准的安全协议，如 EAP-TLS、PEAP、CHAP 等，以确保网络遵循安全协议和规定，保证网络安全。

（2）统一管理：RADIUS 认证使管理员可以集中管理用户凭证和设备连接。通过在单个 RADIUS 服务器上管理多个网络设备，可以实现更有效和一致的管理，并提供了对网络访问的更好控制。

（3）扩展性：RADIUS 认证可以扩展到支持多个网络和设备。可以添加多个 RADIUS 服务器和客户端，以支持大型网络，而无须更改客户端或服务器的任何部分。

（4）负载均衡：当多个 RADIUS 服务器一起运行时，RADIUS 认证可以自动处理服务器的负载均衡。它可以管理每个请求，并将其分配给可用的服务器，从而优化网络性能。

（5）兼容性：RADIUS 认证可以与现有的其他认证系统集成。它实现了标准协议，使得网络管理员可以不必更换设备，就能继续使用现有的网络资源。

2.5.1.5 防火墙

防火墙技术是保护计算机网络安全的基础，其主要功能是监视、过滤和控制网络上的流量，以防范网络攻击和数据泄露。本文将详细阐述防火墙的工作原理、技术和种类，以及防火墙如何提高网络的安全性。

防火墙是一种控制器和加强器，可以通过边界过滤、内容过滤和访问控制等技术，监测网络连接和传输的数据。防火墙的主要工作原理如下。

（1）包过滤：包过滤是防火墙最基本的工作方式，它利用规则和策略来分析从网络中传输的数据包，如网络地址、端口和协议类型等内容，然后将其分为三类：允许、拒绝或抛弃。防火墙一般根据预设的规则，将请求的网络流量允许通过或禁止通过。

（2）状态检测：状态检测技术可以清晰地识别网络请求的状态，并针对安全性做出响应。这种技术可以检测网络流量的来源、类型、数量和目的地，并判断这些流量是否与网络访问策略相符。

（3）内容过滤：内容过滤或代理技术则可以防范各种攻击和恶意代码，如病毒、间谍软件、广告、垃圾邮件等。这种技术可以检测数据包中的内容和信息，例如 URL、文件和数据类型等，以判断其是否合规、安全，然后进一步设置适当的权限和策略。

（4）虚拟专用网络（VPN）策略：VPN 策略通过建立安全隧道，加密所有传输的数据流，实现了数据保密和身份验证。VPN 协议可用于加密远程用户的数据，以使其数据在传输过程中得到保护。

防火墙技术和类别有多种，下面是常用的几种。

（1）包过滤防火墙：包过滤防火墙是最基本的防火墙，根据事先设置好的规则，可以允许或拒绝特定来源、端口、协议的流量进入网络。这种防火墙的操作速度快，不需要消耗太多资源。

（2）应用程序代理防火墙：应用程序代理防火墙则提供了更复杂的操作，它可以检测传入的数据包，并验证数据包和应用程序是否安全和合法。这种防火墙可以监测各种应用程序，如 Web 浏览器和电子邮件客户端等，以确保发出的请求和响应数据符合规则和安全策略。

（3）状态检测防火墙：状态检测防火墙则可以作为应用程序代理防火墙的增强器，它比包过滤防火墙更智能，可以检测网络请求的状态，如端口和协议状态，从而更准确地控制网络流量。

防火墙技术可以有效地提高网络的安全性，其优势主要有以下几点。

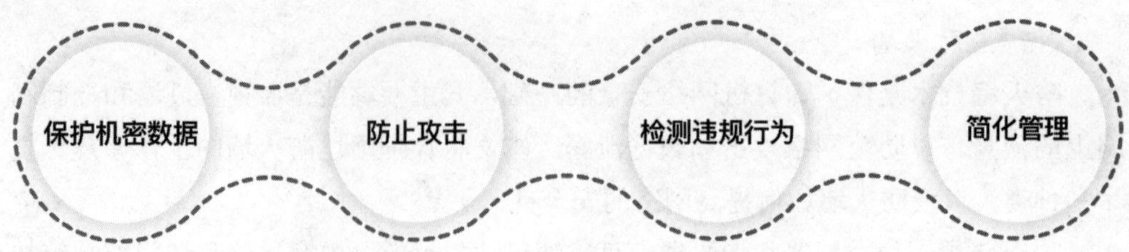

（1）保护机密数据：防火墙可以通过物理和逻辑两种方法保护网络和服务器上的机密数据，如财务数据和客户信息等。使用 VPN 和安全隧道技术，可以对传输和储存的数据进行加密，从而防止数据被黑客攻击和窃取。

（2）防止攻击：防火墙可通过访问控制、策略和规则来防止攻击，保护网络免受恶意代码、间谍软件、恶意软件和病毒等攻击。通过监视和记录网络流量的信息，防火墙可以检测和破解当前和未来的安全漏洞，以保护网络免受攻击和入侵。

（3）检测违规行为：防火墙还可以检测和记录网络上的任何违规行为，并在出现可疑或异常情况时发送警告通知。这种功能可以通过分析网络数据包和特定应用程序实现，以判断是否存在安全问题，并根据需要采取措施以保护网络安全。

（4）简化管理：使用防火墙可以简化管理，并可以轻松地管理网络上的流量和访问。通过设定策略和规则，可以对员工、设备和服务器进行授权和身份验证，从而可以根据特定的权限和规则来决定其是否有权访问网络。

2.5.1.6MAC 策略

MAC（Media Access Control，介质访问控制）策略是计算机网络中一种访问控制技术，其通过限制设备的物理地址，控制设备之间的交互，以保护网络的安全性。

MAC 策略的原理：MAC 地址是一个用于区分同一物理网络的计算机或设备的唯一标识符。MAC 策略的原理就是基于设备的 MAC 地址，限制未授权的设备访问网络。此技术可以根据 MAC 地址和 IP 地址，对各种交换机、路由器和防火墙等网络设备上的流量进行细粒度控制。

MAC 地址绑定：MAC 地址绑定是最常用的 MAC 策略，使用此策略时，管理员需要将网络中所有已知的许可设备的 MAC 地址保存在一个列表中，然后将每个 MAC 地址与其相应的 IP 地址关联起来。网络设备在数据包传输之前，会验证网络设备的 MAC 地址是否在列表中，然后才允许数据包传输。

端口安全：端口安全是通过物理端口来限制访问网络的方法。当一个设备连接到网络时，管理员会为其分配一个相应的端口，然后将其 MAC 地址存储在防火墙或交换机上，并启用端口安全。如果一个不匹配的 MAC 地址尝试连接到该端口，该防火墙或交换机将会关闭这个端口，从而保护网络的安全。

MAC 策略具有以下优势。

（1）方便管理：MAC 地址是唯一的标识符，它有助于管理网络中的设备，并能够更轻松地配置和管理网络设备。因此，MAC 策略的管理相对简单，并且可以快速部署和撤回权限。

（2）提高网络的安全性：MAC 策略可以识别与网络连接的物理设备，根据预先配置的授权设备列表，只允许授权设备访问网络，禁止未授权的设备接入网络。这种策略清楚、简便，能有效地维护网络安全。

（3）灵活性：MAC 策略具有很高的灵活性，可以根据网络需求和环境性能灵活地实施授权策略。比如，根据时间表，在白天允许多个 MAC 地址连接到网络，而在夜晚时则限制访问等。

2.5.1.7 网络监视

网络监视是指利用网络流量的数据包捕获，来分析网络流量，从而识别潜在的威胁或性能问题。在分析过程中，网络监视器捕获发送和接收的数据包，并对其进行缓存和处理。处理过程包括对流量进行过滤、分类和分析，然后用合适的格式展示结果，以便管理员可以根据输出信息确定做出必要的行动。

网络监视的主要原理如下。

（1）捕获流量：网络监视通过网络捕获数据包、网络报文和其他网络流量信息。这一步骤可以通过各种网络监视工具来完成。当管理员启动端口或 VPN 连接，监视器就可以开始捕获网络流量。

（2）分类流量：分类流量是网络监视的主要步骤之一，它确定何时分析数据包、确认每个数据包的来源和目的以及确定数据包的信息类型。分类可以是根据端口、IP 地址、协议或其他规则。

（3）过滤流量：过滤流量是在流量分类后执行的。这是通过对被捕获和分类的流量信息进行一系列条件过滤来完成的，以识别和过滤掉非常规流量，例如蓝牙流量、无线局域网、VPN 等。

（4）分析流量：分析流量是网络监视的核心步骤之一。它使用静态和动态技术来对流量进行分析，以鉴别威胁、违规行为、性能问题或故障。

（5）输出结果：输出结果是将分析的流量输出到监视仪表板或其他格式中，以便管理员可以查看。输出结果可以根据监视器的应用程序进行分类，例如威胁、性能信息和违规行为等。

网络监视工具依靠各种技术来实现。以下是一些主要的监视技术。

（1）数据包分析：数据包分析是一种处理网络数据包的技术，其使用算法来分析查询集合和数据流，以基于查询结果来生成可视化统计信息。例如，某些工具可以生成“响应时间”，“TCP 窗口大小”和“RTT 延迟”等统计信息。

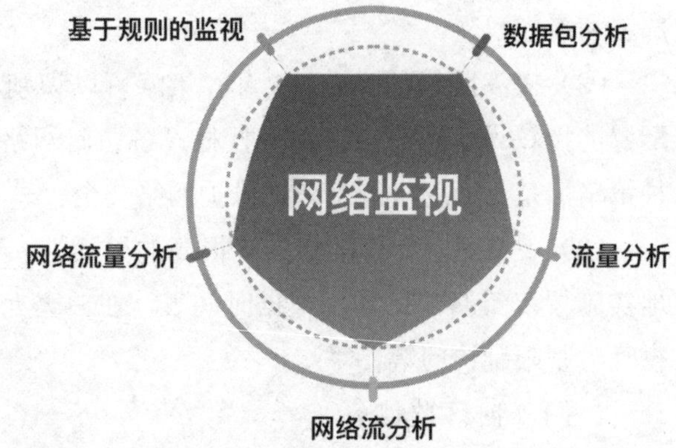

（2）流量分析：流量分析是监视器分析特定网络的数据流的方式。这可以通过捕获网络设备上的特定流媒体数据流来实现。流量分析可以容纳带宽、端到端运行时间，以及其他基本网络性能指标。

（3）网络流分析：网络流分析是用于分解网络连接数据流的有序数据包序列。这有助于确定与网络流有关的威胁。网络流分析还可以用于监视指定计算机之间的通信。

（4）网络流量分析：网络流量分析可以根据在网络上收集的数据流来分析网络并探测潜在的威胁。该计划使用人工智能和机器学习技术来进行威胁分析和趋势预测，以帮助管理员更快地识别威胁和性能问题。

（5）基于规则的监视：基于规则的监视通常是指实施多层规则检测网络流量。此技术通常使用基于规则的脚本语言、子网掩码、网络钩子等手段来实现。监视器在标准网络流量中定义规则，同时利用基于规则的脚本，实时监视网络数据包是否匹配规则。如果匹配，网络监视器会通知管理员采取适当的行动。

2.5.1.8 无线入侵检测系统

无线入侵检测系统（Wireless Intrusion Detection System，WIDS）是一种

专门用于检测无线网络安全的解决方案。随着越来越多的无线网络被部署，WIDS 成了保护无线网络安全的必备工具。

WIDS 旨在打击入侵者通过无线网络访问数据、信息和应用程序的行为。它使用无线网络流量和安全策略来检测和识别网络入侵。WIDS 系统的监控方法主要有以下三种。

（1）策略检测：本方法依据预设的安全策略对网络的流量进行检测。WIDS 系统分析无线网络和连接设备的行为，利用已知的攻击方式，对数据包进行分析，并基于各种规则来检测是否存在入侵威胁。

（2）签名检测：签名检测是 WIDS 的第二种方法，类似于防病毒软件的签名检测。它使用已知的攻击特征指标进行测试，当特征指标与已知的攻击匹配时，WIDS 系统会向管理员发出警告并控制设备的访问权限以确保网络安全。

（3）异常检测：该方法对网络流量和行为进行分析，来确定网络的基本行为和性能的基础线，以评估和警告异常活动。当 WIDS 系统检测到不寻常的流量、新的设备访问和其他异常时间时，它会自动向管理员发出警告，以防止未授权的设备或未受控制的流量进入网络。

综上所述，WIDS 的功能包括以下几个方面。

（1）实时监控无线网络。

（2）自动发现和报告不寻常的网络行为和设备。

（3）识别已知的攻击特征和签名。

（4）针对无线网络进行行为测试和流量测试。

（5）自动生成报告并发送给管理员。

2.5.1.9 虚拟隔离

虚拟隔离技术是一种将单个主机分为多个虚拟环境，以实现不同用户和应用程序之间隔离的技术。这项技术可以在一个物理服务器上支持多个虚拟机（VM），每个虚拟机都运行独立的操作系统，提供独立的计算、存储和网络资源。

目前，虚拟隔离技术通常采用以下两种方式实现。

1）基于虚拟机的虚拟化

基于虚拟机的虚拟化技术通过在一个宿主操作系统上运行多个虚拟机来实现虚拟化。每个虚拟机都运行独立的操作系统，并拥有自己的内存、硬盘、网络设备等资源。虚拟机之间相互独立，彼此没有可以共享的资源。每个虚拟机看起来像是单独的服务器，因此可以运行不同的操作系统和应用程序，并且可以随时移植到其他环境中。

基于虚拟机的虚拟化技术常用于云计算、服务器虚拟化、应用程序虚拟化等领域，并且已经被广泛应用。VMware、Microsoft、Oracle 等公司都提供了基于虚拟机的虚拟化产品。

2）基于容器的虚拟化

基于容器的虚拟化与基于虚拟机的虚拟化类似，但是两者运行在主机操作系统的虚拟机不同。容器技术只运行轻量级进程，可以共享操作系统和内核，并只需消耗很少的内存、磁盘存储和花费很少的处理器时间。

容器技术的优点在于运行更加精简，占用资源更少，启动速度更快，更快部署和移植应用程序等。由于容器技术的低资源要求，现在 Web 应用程序通常使用大量的容器和服务，而且对于短期和变幻莫测的负载比较灵活。

虚拟隔离技术的实施需要做到以下几点。

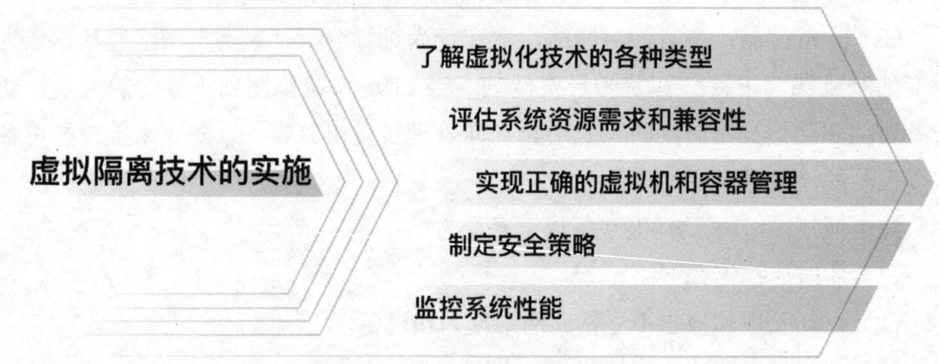

虚拟隔离技术的实施

了解虚拟化技术的各种类型

评估系统资源需求和兼容性

实现正确的虚拟机和容器管理

制定安全策略

监控系统性能

（1）了解虚拟化技术的各种类型：在实施和选择虚拟化技术之前，需要先对两种主要的虚拟化技术（基于虚拟机的虚拟化和基于容器的虚拟化）有一定的了解。该了解可以方便选择最适合自身需求和环境的虚拟化技术。

（2）评估系统资源需求和兼容性：在确定使用虚拟化前，管理者需要评估系统的资源需求，并确保选择的虚拟化系统兼容所有运行在系统中的应用程序和服务。在兼容性上出现问题，可能会导致系统发生错误或无法启动。

（3）实现正确的虚拟机和容器管理：使用虚拟容器或虚拟机技术时，对其进行正确的管理非常重要。这包括虚拟机和容器的配置、部署、监控、升级、管理和备份。用户面对管理程序应该熟悉如何正确使用虚拟化管理工具，以利用技术的优点并确保系统的稳定性和安全性。

（4）制定安全策略：使用虚拟隔离技术时，需要制定安全策略来保护虚拟机 / 容器间的资源和隔离。这可能包括操作系统补丁、不必要的服务禁用、安全组和防火墙的配置、隔离网络等。

（5）监控系统性能：对于虚拟化技术，必须监测系统性能并确保其正常运行。

这包括监控虚拟机和容器资源的使用情况，并在必要时优化虚拟化技术的设置和配置。这可以确保系统的稳定性和高可用性，并及时检测和处理性能瓶颈。

在实施无线网络安全方案的同时，也必须考虑以下几个因素。

（1）加密和身份验证：加密和身份验证是无线网络安全中非常重要的一部分。在实施加密和身份验证措施时，应该使用强密钥进行加密，或使用强认证机制，以保护数据的机密性。还可以使用强密码学算法和加密协议来加密传输数据。

（2）新的漏洞和病毒：为了确保无线网络的安全，必须不断关注最新的威胁和攻击。及时更新漏洞和病毒防护程序是很重要的，以保证网络能够及早发现和防止新的威胁。

（3）职责和访问控制：应该严格控制网络的访问权限，并限制每个用户所能访问的数据和资源。为了保障网络的安全，应该为每个用户分配单独的访问权限，以确保这些用户只能访问他们所需的资源。

（4）检测和响应：网络监视和检测技术可以捕获和记录无线网络中的所有数据包。当检测到异常活动时，应该及时采取响应措施，并进行分析和调查，以防止安全漏洞的发生。

（5）员工培训：对员工进行网络安全培训和教育是保护无线网络安全的重要措施。员工必须学会如何使用无线网络，并知道如何避免可能的安全隐患。

无线网络的安全问题是一件严肃的事情，因为黑客攻击无线网络可以轻松获取敏感数据，消耗网络带宽和意外中断组织和用户间的交流。因此，在无线网络中实施多种安全技术和措施，以保护数据和网络的安全是至关重要的。同时，无线网络的安全必须不断更新和改进，以应对不断演化的网络威胁。

2.5.2 安全威胁防范和安全应急处理

无线网络安全威胁防范是提高网络安全性能的重要组成部分。仅靠一项安全技术或措施来保障网络的安全仍不够。下面所述的安全防范步骤可以帮助使用者，如企业和个人提高无线网络的安全性能。

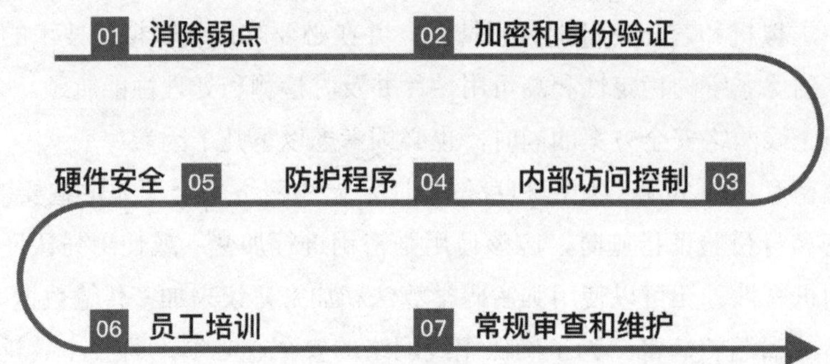

（1）消除弱点：无线网络中的弱点是黑客攻击或恶意软件入侵的主要途径之一。因此，消除弱点是提高网络安全性能的重要一环。可以通过升级软件和硬件的版本、开启网络防火墙、启用 802.1X 认证、删除不用的网络接口、缩小无线网络覆盖范围、定期检查网络安全漏洞等步骤来消除弱点。

（2）加密和身份验证：加密和身份验证技术对于无线网络安全至关重要。可以使用 WPA/WPA2、VPN、802.1X 认证、RADIUS 等技术来加强网络身份验证，保护数据传输过程中的机密。同时，在使用无线网络时使用强密码也非常重要。

（3）内部访问控制：内部访问控制是为了防范未授权的内部人员访问而采取的一些措施。可以使用 MAC 地址过滤、强密码策略、网络监视、流量分析等技术来控制、限制和监测访问网络的用户和设备。这样可以减少内部人员的恶意行为对无线网络的影响。

（4）防护程序：病毒、网络蠕虫、恶意软件等安全威胁是无线网络安全中常见的问题。使用最新版本的防病毒软件可以防范这些安全威胁。在使用防病毒软件时，要进行定期的更新和扫描以保障网络的安全。

（5）硬件安全：硬件安全是为了防止物理上的访问而采取的一种措施。可以使用安全的无线路由器、加密访问点、以太网加密等硬件来支持无线网络，以减少物理访问对网络的影响。此外，尽量将设备安装在地面以上，使其更难接近，也可以提倡硬件安全。

（6）员工培训：对员工进行网络安全培训、教育和宣传是提高网络安全的重要措施。企业必须确保员工了解网络安全策略、网络安全实践等，并知道如何避免不良的网络行为。

（7）常规审查和维护：对网络进行常规审查和维护是保障网络安全的重要一环。需要对网络的安全漏洞和问题进行排查和解决，并及时更新或升级网络软件和硬件。在进行维护时，要确保安全规程的遵从，日志记录、网络设备和软件的授权使用。

在无线网络出现安全问题时，需要快速、准确地应对问题。以下是一些应急处理措施。

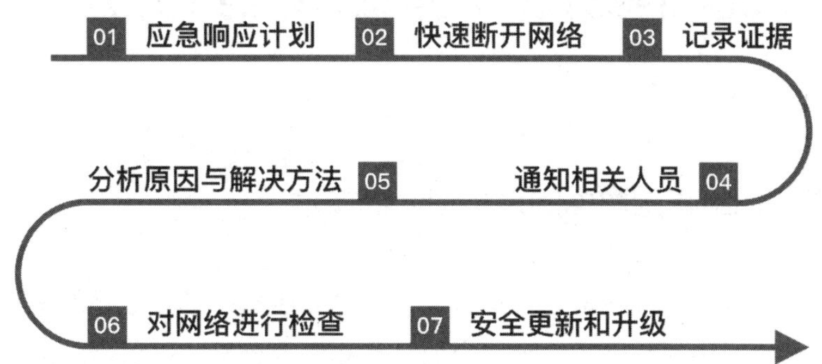

（1）应急响应计划。企业和个人应该建立应急响应计划，以便在网络安全事件发生时能够迅速响应。应急响应计划应该涵盖宣传计划、联系人名单、安全升级计划、应急指引计划等文件和记录。

（2）快速断开网络。当发现无线网络被入侵或存在危险时，应该立即断开网络，不再接受或传输数据。同时，也要停止正在进行的无线网络活动，以防止更多数据被公开或读取。

（3）记录证据。发生网络安全事件时，要迅速记录证据。包括保存与网络安全事件相关的文档、文件、屏幕截图、日志记录等，以便进行后续调查和分析。

（4）通知相关人员。网络安全事件发生后，必须立即通知与网络安全相关的人员，包括 IT 管理员、网络安全团队、公司高管等，以取得他们的支持和帮助。通知他们的时候要详细描述问题状况，以便他们能够从容应对问题。

（5）分析原因与解决方法。进行安全事件分析是找到根本原因的关键。企业和个人需要进行异常活动的记录和分析，以确认是否有另外的入侵或攻击。然后应该尝试寻找解决问题的措施，消除安全漏洞，并加快受影响设备的恢复。

（6）对网络进行检查。在网络安全事件发生后，需要对网络进行检查。这可以揭示安全风险和缺陷，帮助提高网络安全性能。网络检查应该覆盖所有方面，包括硬件、软件、隐私策略等。

（7）安全更新和升级。要定期更新网络硬件、防病毒软件、安全补丁以及其他相关安全设施，以确保网络安全。同时，也要确保进行定期在网络上安装防范措施，以提高网络安全性能。

3 无线网络数智化运维转型的重点方向

3.1 无线网络基础数据的采集和分析技术

无线网络数智化运维转型的重点方向之一是无线网络基础数据的采集和分析技术。通过对无线网络的基础数据进行全面采集和深入分析，可以帮助运维团队更好地了解网络状态、发现问题、做出决策和采取行动。

3.1.1 无线网络基础数据的采集

无线网络的基础数据包括网络设备的状态信息、用户行为数据、流量数据、性能指标等。通过在网络设备上部署合适的监测工具和传感器，可以实时采集这些数据。同时，还可以利用网络流量分析工具和数据采集设备等技术手段，对网络数据进行抓取和采集。

为了实时采集这些数据，可以采用以下具体技术手段：

（1）网络设备监测工具：部署适用的网络设备监测工具，例如 SNMP（简单网络管理协议）和 CLI（命令行界面）等。这些工具可以通过与网络设备进行通信，获取设备的状态信息，如连接状态、信号强度、带宽利用率等。

（2）传感器：在关键的网络设备上安装传感器，用于监测设备的物理参数，如温度、湿度、电压等。这些传感器可以提供设备的环境信息，帮助判断设备是否正常运行，并及时采取措施防止过热、过载等问题。

（3）网络流量分析工具：利用网络流量分析工具，如网络流量嗅探器和数据包捕获设备，可以抓取和记录网络中的流量数据。这些工具可以分析流量类型、流量来源、传输速率等，提供对网络流量的深入理解。

（4）数据采集设备：使用专门的数据采集设备，例如数据记录器和数据采集器，可以在关键节点上收集网络设备的数据。这些设备可以采集各种性能指标，如丢包率、延迟、响应时间等，并将数据传输到集中的数据存储和处理系统中。

这些技术手段可以根据网络的具体需求和架构进行选择和部署。通过实时采集和监测无线网络的基础数据，运维团队可以了解网络设备的状态、用户行为和性能指标，及时发现潜在问题，并做出相应的调整和优化，以提高网络的可靠性、性能和用户体验。

3.1.2 无线网络基础数据的存储与处理

采集到的无线网络基础数据需要进行有效的存储和处理。可以利用大数据技术和云计算平台，搭建高可靠、可扩展的数据存储和处理系统。通过对数据进行预处理、清洗和归档，使其能够方便地进行后续的分析和应用。

（1）大数据技术和云计算平台：利用大数据技术和云计算平台，可以构建高可靠、可扩展的数据存储和处理系统。这些技术和平台提供了存储和计算资源的弹性扩展能力，能够处理大规模的数据，并提供高可靠性和高性能的数据处理服务。

（2）数据存储：选择合适的数据存储技术，如分布式文件系统（如 Hadoop HDFS）、NoSQL 数据库（如 Cassandra、MongoDB）或对象存储服务（如 Amazon S3），用于存储采集到的无线网络基础数据。这些存储系统可以处理大量数据，并具有良好的可扩展性和容错性。

（3）数据预处理和清洗：在将数据存储到系统中之前，进行必要的数据预处理和清洗。这包括去除重复数据、处理缺失值、清理异常数据等操作，以确保数据的准确性和完整性。此外，还可以对数据进行标准化和转换，以便后续的分析和应用。

（4）数据归档：为了有效管理和利用数据，可以根据数据的重要性和访问频率，将数据进行归档。归档数据的存储可以采用冷热分离的策略，将较少访问的数据存储在较低成本的存储介质上，以节省存储成本，并保证高频访问的数据可随时获取。

（5）数据处理和分析：利用大数据处理框架（如 Hadoop、Spark）和数据处理工具，对存储的无线网络基础数据进行分析和处理。这包括数据挖掘、机器学习、统计分析等方法，以从数据中发现模式、趋势和异常情况。通过数据处理和分析，可以提取有价值的信息，并为网络运维和决策提供支持。

通过搭建高可靠、可扩展的数据存储和处理系统，对采集到的无线网络基础数据进行预处理、清洗、归档和分析，可以实现对数据的高效管理和应用，帮助运维团队更好地了解网络状况、发现问题并做出相应的调整和优化。

3.1.3 无线网络基础数据的分析

通过应用数据分析技术，对采集到的无线网络基础数据进行深入分析。可以采用数据挖掘、机器学习和统计分析等方法，发现数据中的模式、趋势和异常情况。

通过分析结果，可以提取有价值的信息，如网络性能问题、用户需求变化、网络优化机会等。

（1）数据挖掘：数据挖掘是从大量数据中发现隐藏模式和知识的过程。在无线网络数据分析中，可以使用聚类分析来识别相似的数据点，发现潜在的群组或异常情况。分类分析可将数据分为不同的类别，如不同类型的网络问题。关联规则挖掘可以发现不同数据之间的关联关系，例如某些用户行为与网络性能之间的关联。

（2）机器学习：机器学习技术可以让计算机通过学习历史数据和模式，自动识别和预测未来的趋势和行为。在无线网络数据分析中，可以利用监督学习算法进行性能预测，如预测网络故障发生的可能性或预测用户需求的变化趋势。无监督学习算法可以发现数据中的隐藏模式，如异常检测及网络性能优化的机会。

（3）统计分析：统计分析是一种基于概率和统计模型的数据分析方法，可以通过假设检验、回归分析、时间序列分析等来推断数据之间的关系。在无线网络数据分析中，可以利用统计方法来确定网络性能指标的分布、观察不同变量之间的相关性，并进行网络优化的决策。

通过数据分析的结果，可以提取出有价值的信息，如网络性能问题的根本原因、用户需求的变化趋势、网络拥塞的模式等。这些信息可以为运维团队提供决策支持，帮助他们快速发现问题并采取相应的措施来优化网络性能和提升用户体验。此外，数据分析还可以为网络规划和优化提供宝贵的见解，帮助决策者制定合理的网络发展战略和资源分配策略。

3.1.4 无线网络基础数据的可视化与报告

将分析结果以可视化的方式展示出来，可以更好地理解和传达网络的情况。通过可视化工具和仪表盘，将数据转化为图表、图形和报告，使运维团队和决策者能够直观地了解网络的状况和趋势，并及时做出相应的决策和调整。

（1）可视化工具和仪表盘：利用现代可视化工具和仪表盘，如 Tableau、Power BI、Grafana 等，可以将数据转化为图表、图形和报告。这些工具提供了丰富的可视化选项和交互功能，可以根据需要创建各种类型的图表，如折线图、柱状图、热力图、地图等，以展示网络数据的特征和趋势。

（2）数据报告和摘要：通过生成数据报告和摘要，将分析结果以简明扼要的方式呈现给运维团队和决策者。报告可以包括关键指标的摘要、趋势分析、异常情况的提示等，帮助用户快速了解网络的关键情况和发展趋势。

（3）实时监控和警告：通过实时监控和告警系统，将网络性能指标和异常事件以可视化的方式展示给运维团队。仪表盘可以实时显示网络的关键性能指标，如带宽利用率、丢包率等，同时提供实时告警和警报，以便及时采取措施应对异常情况。

（4）交互式探索和查询：可视化工具还提供了交互式的探索和查询功能，用户可以根据需要对数据进行筛选、切片和钻取，以深入了解网络的特定方面和问题。这样的交互性能够让用户灵活地探索数据，发现隐藏的关联，并根据需求生成自定义的可视化图表和报告。

通过可视化工具和仪表盘，将分析结果转化为直观的图表、图形和报告，可以让运维团队和决策者更容易理解和解释网络的情况。可视化不仅提供了对数据的全面视觉呈现，还能够帮助用户快速发现异常情况、趋势变化和优化机会，并及时做出决策和调整，以提升网络的性能和可靠性。

3.2 无线网络拓扑分析技术

拓扑分析是指对无线网络的结构、连接关系和组成部分进行分析和理解的过程。通过对无线网络拓扑进行深入分析，可以揭示网络中的关键节点、链路状况、拓扑结构的优化潜力等信息，从而为网络规划、故障排查、性能优化等方面提供支持。

3.2.1 网络拓扑发现和绘制

无线网络拓扑分析的第一步是发现和绘制网络的拓扑结构。这可以通过自动化的拓扑发现工具和协议（如 SNMP、CDP、LLDP）来实现，通过收集网络设备之间的连接信息和邻居关系，建立起网络的拓扑图。

拓扑发现工具 → 连接信息收集 → 邻居关系建立 → 拓扑图绘制 → 拓扑更新和维护

（1）拓扑发现工具：使用自动化的拓扑发现工具是发现无线网络拓扑结构的常见方式。这些工具可以通过各种协议和机制，如 SNMP（Simple Network Management Protocol，简单网络管理协议）、CDP（Cisco Discovery Protocol，思科发现协议）、LLDP（Link Layer Discovery Protocol，链路层发现协议）等，与网络设备进行通信，获取设备之间的连接信息。

（2）连接信息收集：拓扑发现工具通过与网络设备交互，收集设备之间的连接信息。例如，通过 SNMP 可以获取设备的接口状态、邻居设备的信息等；通过 CDP 和 LLDP 可以获取邻居设备之间的连接关系和设备的基本信息。

（3）邻居关系建立：基于收集到的连接信息，拓扑发现工具可以建立设备之间的邻居关系。通过分析设备之间的链路和接口状态，工具可以确定设备之间的直接连接关系，进而形成拓扑结构的一部分。

（4）拓扑图绘制：根据收集到的连接信息和邻居关系，拓扑发现工具可以生成拓扑图。拓扑图是一种可视化表示，用于展示无线网络中设备之间的连接关系和结构。拓扑图通常包括网络设备、连接线路、链路状态等信息，以便用户更直观地了解网络拓扑结构。

（5）拓扑更新和维护：由于网络拓扑可能会发生变化，如设备添加、删除、链路状态变化等，拓扑发现工具需要定期更新和维护拓扑信息。通过周期性的拓扑发现操作，工具可以更新拓扑图，并确保其与实际网络拓扑保持一致。

通过自动化的拓扑发现工具和协议，无线网络的拓扑结构可以被准确地发现和绘制出来。这提供了对网络结构的可视化理解，并为后续的拓扑分析和优化提供了基础。拓扑图的准确性和实时性对于运维团队来说非常重要，因为它们能够及时发现网络中的拓扑变化和问题，并采取适当的措施进行处理和维护。

3.2.2 拓扑分析和可视化

通过对网络拓扑进行分析和可视化，可以识别出网络中的关键节点、链路的瓶颈和疲劳点，以及网络的分层结构和连接模式。这有助于理解网络的整体架构和性能特征，并为网络规划和优化提供指导。

（1）关键节点识别：通过分析网络拓扑，可以确定网络中的关键节点。关键节点是网络中具有重要功能和影响力的设备或节点，其故障或性能问题可能对整个网络产生较大影响。通过识别关键节点，可以采取针对性的保护措施和优化策略，确保网络的稳定性和可靠性。

（2）链路瓶颈和疲劳点分析：通过分析网络拓扑中的链路信息，可以识别出链路的瓶颈和疲劳点。链路瓶颈是指在网络中传输数据时，数据流量超过链路容量导致的瓶颈现象。疲劳点是指链路负载过重，长时间运行导致链路性能下降和故障风险增加的情况。通过分析链路瓶颈和疲劳点，可以针对性地进行链路优化、负载均衡和容量规划，提高网络性能和可靠性。

（3）分层结构和连接模式分析：网络拓扑分析还可以揭示网络的分层结构和连接模式。分层结构指网络中不同层次的设备和节点之间的连接关系，如核心层、汇聚层和接入层。连接模式指网络中设备之间的连接方式，如单一连接、冗余连接和多路径连接等。通过分析分层结构和连接模式，可以评估网络的可靠性、容错能力和可扩展性，并为网络规划和设计提供指导。

性能特征理解：通过网络拓扑分析，可以深入了解网络的性能特征。例如，可以分析网络中的短路径和长路径，评估网络的时延率、丢包率和带宽利用率等性能指标，有助于发现网络中的性能瓶颈、瓦解因素和瓶颈位置，并提供优化网络性能的建议和方案。

通过对网络拓扑进行分析和可视化，可以全面了解网络的整体架构、性能特征和优化潜力。这使得网络规划和优化工作更加有针对性和提高效率，提升无线网络的性能、可靠性和可扩展性。

3.2.3 拓扑优化和故障排查

基于拓扑分析的结果，可以针对网络中的瓶颈和问题点进行优化和故障排查。通过识别拓扑中的关键节点和链路，可以优化网络资源分配和路径选择，提高网络的性能和可靠性。同时，当网络出现故障时，可以根据拓扑信息快速定位故障点，并采取相应的措施进行修复。

（1）瓶颈优化：通过拓扑分析，可以确定网络中存在的瓶颈节点和链路。针对瓶颈节点，可以考虑增加其处理能力或替换为更高性能的设备，以提高数据传输和处理效率。对于瓶颈链路，可以考虑增加带宽容量、实施负载均衡、优化链路调度等措施，以提高链路的吞吐量和性能。

（2）路径优化：通过分析拓扑结构，可以评估不同路径的性能和可用性。根据拓扑分析结果，可以选择更优的路径来优化数据传输的效率和质量。这可以通过调整路由算法、优化网络配置和设备设置来实现。路径优化可以减少延迟、降低丢包率，并提高用户体验和服务质量。

（3）故障排查和修复：拓扑分析提供了网络中设备和链路之间的关联信息，当网络出现故障时，可以利用这些信息快速定位故障点。通过比对实际网络状态和拓扑信息，可以确定故障点所在的设备或链路，并采取相应的措施进行修复。这可以减少故障排查的时间和复杂性，提高网络的可靠性和恢复速度。

（4）资源优化：拓扑分析可以帮助识别网络中的关键节点和资源分布情况。基于这些信息，可以进行资源优化，合理分配网络资源，避免资源浪费和过度负载。通过优化资源分配和配置，可以提高网络的利用率和性能，确保各项任务和服务得到适当的支持。

综上所述，基于拓扑分析的结果，可以有针对性地进行瓶颈优化、路径优化、故障排查和修复以及资源优化等操作，从而提高网络的性能、可靠性和效率。这种优化和故障排查的方式是基于对网络拓扑结构的深入理解和分析，以确保网络运行的顺畅性和可靠性。

3.2.4 安全性分析和隔离策略

无线网络拓扑分析还可以用于安全性分析和隔离策略的制定。通过分析网络拓扑，可以识别出关键节点和敏感区域，提醒网络管理员采取相应的安全措施，如加密、访问控制等。此外，还可以基于拓扑信息，制定合适的隔离策略，以提高网络的安全性和可靠性。

（1）关键节点识别：通过拓扑分析，可以确定网络中的关键节点，即对网络安全至关重要的设备或节点。这些节点可能包括身份验证服务器、防火墙、入侵检测系统等。通过识别关键节点，可以加强对它们的保护措施，确保其安全性，例如加密通信、强密码策略和访问控制措施等。

（2）敏感区域识别：拓扑分析可以揭示网络中的敏感区域，如存储敏感数据或连接到重要资源的区域。通过标识敏感区域，网络管理员可以采取特殊的安全措施，例如限制访问权限、加密数据传输、增加监控等，以保护敏感信息的机密性和完整性。

（3）隔离策略制定：基于拓扑分析结果，可以制定合适的隔离策略，以减少潜在的安全威胁和传播风险。通过理解网络中设备和节点之间的连接关系，可以实施网络隔离和分段策略，将不同的用户、服务单位或部门隔离开来，以防止横向移动攻击和数据泄露。隔离策略可以基于虚拟局域网（VLAN）、网络隔离设备（如防火墙）和访问控制列表（ACL）等技术手段实现。

（4）安全漏洞发现：通过拓扑分析，可以识别网络中的安全漏洞和弱点。例如，通过分析网络拓扑，可以发现不安全的链接、未加密的通信通道或存在的配置错误。这些发现可以帮助网络管理员及时采取修复措施，加强网络的安全性和防御能力。

综上所述，通过无线网络拓扑分析，可以识别关键节点、敏感区域和安全漏洞，从而制定相应的安全措施和隔离策略。这有助于提高网络的安全性、防御能力和响应能力，保护网络和敏感数据免受潜在的威胁和攻击。

3.3 故障定位和预警技术

故障定位和预警技术是无线网络数智化运维转型的重点方向之一。它通过利用先进的监测、分析和预测技术，帮助运维团队及时发现和定位无线网络中的故障，并提前预警可能的故障风险。

3.3.1 实时监测和诊断

故障定位和预警技术可以实时监测无线网络中的关键指标和性能参数。通过监测网络设备的状态、信号质量、带宽利用率、连接数等关键指标，可以快速发现异常情况和潜在的故障。同时，结合设备日志、事件信息和用户反馈等多维数据，可以对故障进行诊断，缩小故障范围，快速定位问题。

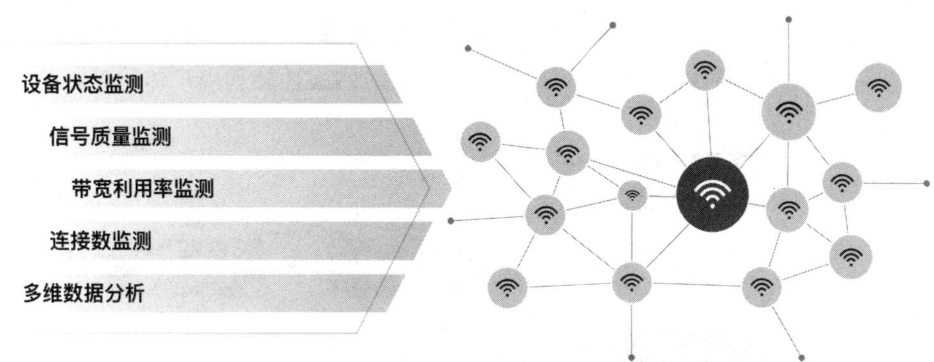

（1）设备状态监测：通过监测无线网络设备的状态信息，包括设备的在线状态、连接状态、电源状态等，可以实时了解设备的工作情况。如果某个设备离线或出现异常状态，系统可以立即发出警报，提示可能存在故障或问题。

（2）信号质量监测：无线网络的信号质量是影响用户体验和网络性能的重要因素之一。通过监测信号强度、信噪比、传输速率等指标，可以及时发现信号弱、干扰严重或传输速率下降等异常情况，快速判断是否存在信号质量问题。

（3）带宽利用率监测：带宽利用率是衡量网络性能和资源利用情况的重要指

标。通过实时监测带宽的使用情况，可以发现是否存在网络拥塞、流量异常或不均衡等问题。当带宽利用率超过阈值或出现异常波动时，系统可以发出警报，以便运维人员及时采取措施优化网络性能。

（4）连接数监测：无线网络的连接数是指同时连接到网络的用户设备数量。通过监测连接数的变化和趋势，可以判断网络负载情况和用户活动情况。当连接数达到设定的阈值或出现异常波动时，可以及时预警，以防止网络过载和服务质量下降。

（5）多维数据分析：除了关键指标的监测，还可以结合设备日志、事件信息和用户反馈等多维数据进行综合分析。通过分析这些数据，可以深入了解故障的根本原因，并缩小故障范围，定位问题所在。例如，通过设备日志可以查找设备异常行为的记录，通过用户反馈可以了解用户体验不佳的具体情况。

综上所述，故障定位和预警技术通过实时监测无线网络中的关键指标和性能参数，以及多维数据的分析，可以及时发现异常情况和潜在的故障，并帮助运维团队迅速定位和解决问题，提高网络的可靠性和性能。

3.3.2 预测性维护和预警

故障定位和预警技术可以基于历史数据和模型分析，预测可能出现的故障和性能问题。通过对无线网络中的数据流量、负载、设备使用率等进行趋势分析和模式识别，可以提前发现潜在的问题，并给出相应的预警。这样可以采取预防性措施，提前进行维护和调整，避免故障发生或降低其对网络性能和用户体验的影响。

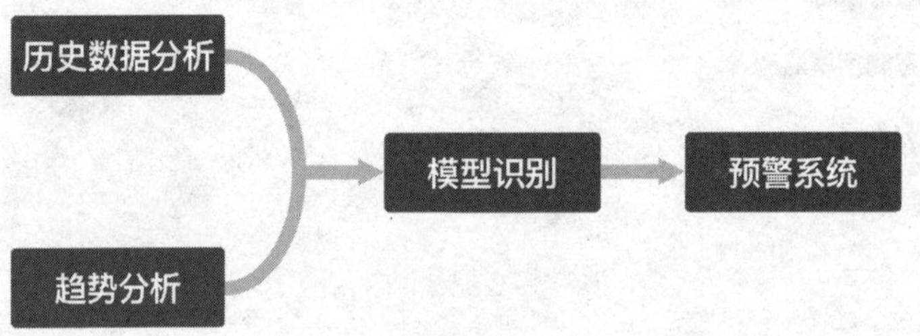

（1）历史数据分析：通过对历史数据的分析，可以识别出故障和性能问题的常见模式和趋势。例如，某个特定时间段或特定事件发生时经常出现网络拥塞或设备故障。通过分析这些趋势，可以预测类似情况下可能再次发生的故障，并采取相应的预防措施。

（2）趋势分析：通过对无线网络中的数据流量、负载、设备使用率等关键指标的趋势进行分析，可以发现潜在的问题。如果某个指标呈现不断上升或异常波动的趋势，可能预示着即将出现的故障或性能问题。通过及时预警和调整，可以避免故障的发生或降低其对网络性能和用户体验的影响。

（3）模型识别：建立基于机器学习和统计分析的模型，对无线网络中的数据进行分析，从而识别出隐藏在数据中的异常情况。这些模型可以根据不同的指标和变量，预测可能出现的故障或性能问题，并发出相应的预警。例如，通过对设备负载、温度和运行时间等指标的模型分析，可以预测设备过载或过热的风险，及时采取措施防止故障的发生。

（4）预警系统：基于分析结果，建立预警系统，及时向运维团队发送警报和通知。预警系统可以根据预设的规则和阈值，监测关键指标的变化，并触发相应的警报。运维团队可以根据警报信息，采取预防性的维护和调整措施，避免故障的发生或减少其影响。

综上所述，故障定位和预警技术通过基于历史数据和模型分析，可以预测可能出现的故障和性能问题，并采取预防性措施。这有助于提前进行维护和调整，避免故障发生或降低其对网络性能和用户体验的影响。

3.3.3 自动化故障定位和修复

故障定位和预警技术可以结合自动化工具和智能算法，实现自动化的故障定位和修复。当故障发生时，系统可以根据监测到的异常信息，自动进行故障定位，确定故障的具体位置和原因，然后系统可以根据预定义的故障处理策略，自动采取相应的修复措施，快速恢复网络的正常运行。

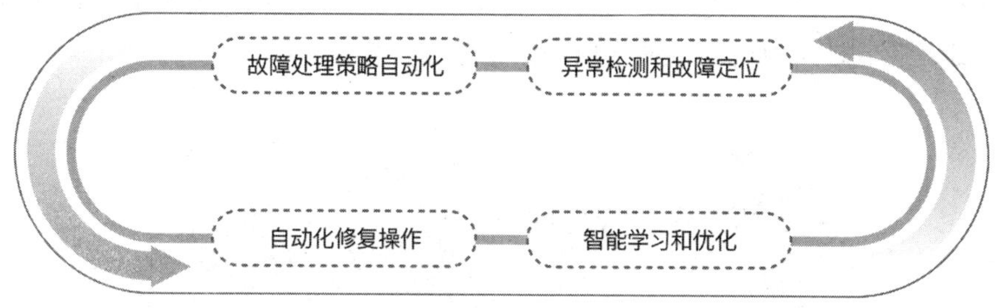

（1）异常检测和故障定位：通过自动化工具和智能算法对实时监测的数据进行分析，可以检测到异常情况并进行故障定位。系统可以根据预设的规则和模型，识别出异常行为、异常性能和故障指示，快速定位故障的具体位置和原因。例如，系统可以监测网络设备的状态信息、传输错误率、丢包率等指标，当这些指标超出预设的阈值时，系统可以自动识别并定位故障点。

（2）故障处理策略自动化：在系统中预定义各种故障处理策略和修复措施。当故障定位完成后，系统可以根据故障类型和位置，自动选择相应的处理策略进行修复。例如，对于设备故障，系统可以自动触发备用设备的切换；对于链路故障，系统可以自动进行路径调整或链路恢复操作。这样可以加快故障修复的速度，减少人工干预的需求，并减少故障修复的时间成本。

（3）自动化修复操作：系统可以利用自动化工具和配置管理系统，自动进行故障修复操作。根据预定义的处理策略，系统可以自动调整网络配置、更新路由流量、重启设备等。这样可以快速恢复网络的正常运行，减少服务中断时间，并降低对用户的影响。

（4）智能学习和优化：故障定位和预警技术可以结合智能学习和优化算法，不断改进故障处理策略和修复措施。系统可以根据历史故障数据和修复结果，学习和优化自身的决策和操作过程，提高故障定位和修复的准确性和效率。通过不断优化，系统可以逐渐提升自动化故障处理的能力，更好地应对复杂和多变的网络故障。

综上所述，故障定位和预警技术结合自动化工具和智能算法，可以实现自动化的故障定位和修复。通过自动化的故障处理策略和修复措施，系统可以快速定位和解决故障，提高网络的可靠性和稳定性。

3.3.4 故障分析和报告

故障定位和预警技术可以对故障进行深入分析，并生成详细的故障报告。通过对故障的原因、影响范围、解决方案等进行分析和总结，可以为运维团队提供参考，帮助他们更好地理解和解决故障。同时，报告还可以提供故障发生的时间、持续时间等关键信息，为后续故障管理和问题追溯提供支持。

（1）故障原因分析：系统可以对故障进行深入分析，确定故障产生的具体原因。通过检查故障发生前的网络状态、设备日志、事件信息等数据，系统可以识别出导致故障的根本原因，如硬件故障、软件错误、配置问题等。故障报告中将详细列出故障的原因，为后续的问题解决提供指导和参考。

（2）故障影响范围评估：系统可以评估故障对网络的影响范围。通过分析故障的传播路径、影响的设备和服务，可以确定故障对网络性能和用户体验的影响程度。故障报告中将提供对故障影响范围的描述和评估，帮助运维团队了解故障的影响程度，并优先处理对网络和用户造成最大影响的故障。

（3）解决方案建议：系统可以根据故障的特征和原因，提供相应的解决方案建议。这些建议可以包括设备配置修改、软件升级、补丁应用、网络拓扑优化等。故障报告中将详细描述解决方案，并提供步骤和注意事项，帮助运维团队快速恢复网络的正常运行。

（4）时间和持续性分析：故障报告将提供故障发生的时间点和持续时间的记录。这些信息对于后续的故障管理和问题追溯非常重要。运维团队可以通过分析故障发生的时间模式和持续时间，发现潜在的周期性故障或长时间故障，并采取相应的预防和改进措施。

通过生成详细的故障报告，故障定位和预警技术为运维团队提供了有价值的信息和建议，帮助他们更好地理解和解决故障。报告中的故障原因、影响范围、解决方案以及时间和持续性分析，为运维团队提供了重要的决策依据，提高了故障处理的效率和准确性。同时，报告也为后续的故障管理和问题追溯提供了必要的支持。

3.4 资源优化调度技术

资源优化调度技术是无线网络数智化运维转型的重要方向之一，它旨在提高网络资源的利用效率和性能，以满足不断增长的业务需求。

3.4.1 动态资源调度

资源优化调度技术可以实时监测无线网络中的资源状态和负载情况，根据业务需求和网络条件，动态分配和调度资源。通过动态调整网络资源的分配，可以避免资源过度分配或分配不足的情况，提高网络性能和用户体验。例如，根据流量需求，动态调整无线频谱的分配，以提供更好的网络容量和覆盖范围。

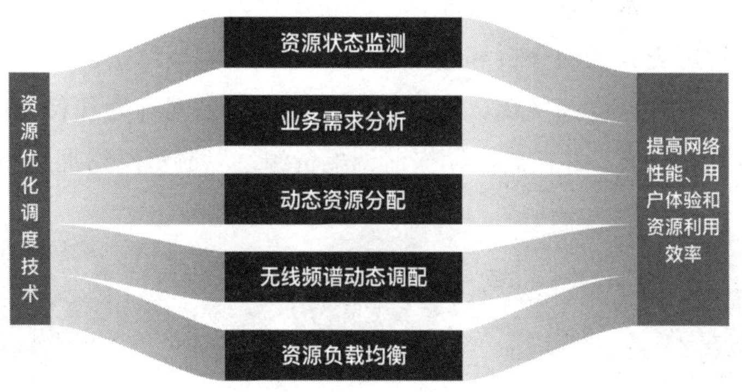

（1）资源状态监测：资源优化调度技术通过监测无线网络中的资源状态，如基站的负载率、频谱利用率、传输链路的带宽利用率等，实时了解网络的资源情况。这可以通过在网络设备上部署监测工具和传感器来实现。通过实时监测资源状态，可以及时掌握网络资源的使用情况，为资源优化调度提供数据支持。

（2）业务需求分析：资源优化调度技术需要根据业务需求来进行资源调度。这可以通过对业务流量的分析和预测来实现。通过收集和分析网络流量数据，可以了解不同业务的需求，例如高流量的视频应用、低延迟的实时通信等。根据业务需求的变化，系统可以动态调整资源的分配，以满足不同业务的要求。

（3）动态资源分配：资源优化调度技术根据业务需求和网络条件，动态分配和调度资源。例如，在高峰时段或特定区域的网络拥塞情况下，可以将更多的资源分配给该区域，以增加网络容量和提高用户体验。相反，在低峰时段或资源闲置区域，可以适度减少资源分配，以避免资源过度浪费。

（4）无线频谱动态调配：无线频谱是无线网络中的宝贵资源，通过动态调整无线频谱的分配，可以提高网络的容量和覆盖范围。资源优化调度技术可以根据流量需求和频谱利用情况，实时调整频谱的分配策略。例如，根据不同区域和时段的流量变化，可以动态分配频谱资源，使其能够更有效地支持不同业务的传输。

（5）资源负载均衡：资源优化调度技术可以通过负载均衡的方式，将网络资源合理地分配到不同的设备或基站上，以实现资源的均衡利用。通过监测网络设备的负载情况，可以动态调整资源的分配，使得网络中的设备负载相对均衡，避免资源过度集中或过度闲置的情况。

综上所述，资源优化调度技术通过实时监测资源状态、根据业务需求和网络条件进行动态分配，以及调整无线频谱的分配策略等方式，可以提高网络性能、用户体验和资源利用效率，是无线网络数智化运维转型中的重要方向之一。

3.4.2 资源智能管理

资源优化调度技术可以利用智能算法和机器学习等技术，对网络资源进行智能化管理。通过对历史数据的分析和建立模型，可以预测网络资源的需求趋势，并根据预测结果进行资源调度和优化。例如，根据用户的上网行为和移动模式，智能地预测高峰期的资源需求，并在高峰期提前调配资源，以避免网络拥塞和性能下降。

（1）数据分析与建模：资源优化调度技术基于历史数据进行分析和建模。通过收集和存储网络资源的历史数据，包括设备负载、用户行为、业务流量等信息，可以对数据进行预处理、清洗和特征提取。然后，利用机器学习和统计分析等技术，建立预测模型，用于预测网络资源的需求趋势和变化模式。

（2）资源需求预测：基于建立的预测模型，资源优化调度技术可以预测网络资源的需求趋势。通过分析历史数据和考虑外部因素，如季节性变化、特殊事件等，系统可以智能地预测未来的资源需求，例如用户数量的增长、特定业务的流量变化等。

（3）资源调度与优化：根据资源需求的预测结果，资源优化调度技术可以进行资源调度和优化。例如，在预测到高峰期的资源需求较大时，系统可以提前调配更多的资源，以应对高峰时段的网络负载。同时，系统可以智能地分配和调整资源，以适应不同业务的需求和优化网络性能。

（4）自动化决策与执行：基于智能算法和机器学习模型，资源优化调度技术可以自动进行决策和执行。系统可以根据预测结果和预定义的策略，自动调度资源，调整网络配置和分配，实现自动化的资源优化。这可以减少人工干预，提高运维效率，并快速响应网络资源需求的变化。

（5）实时监控与反馈：资源优化调度技术通过实时监控网络资源的状态和负载情况，及时调整资源分配。系统可以不断收集实时数据，并与预测模型进行对比和校准，以确保预测结果的准确性。同时，系统可以生成实时的报告和反馈，向运维人员提供网络资源的使用情况和优化建议。

综上所述，资源优化调度技术结合智能算法和机器学习等技术，可以实现对网络资源的智能化管理，从而提高资源利用效率、优化网络性能，以及满足不同业务需求的变化。

3.4.3 资源虚拟化和共享

资源优化调度技术可以通过虚拟化技术，将物理资源（如基站、频谱、传输链路等）抽象为虚拟资源，实现资源的灵活共享和分配。通过动态分配虚拟资源，可以根据实际需求进行灵活的资源配置，提高资源利用率。例如，通过网络功能虚拟化（NFV），可以将网络功能部署在共享的硬件平台上，实现资源的灵活分配和调度。

（1）虚拟化技术的应用：资源优化调度技术可以利用虚拟化技术将物理资源抽象为虚拟资源。例如，基站虚拟化可以将基站功能虚拟化为软件，使多个基站共享一个硬件平台，实现资源的共享和灵活分配。频谱虚拟化可以将物理频谱资源分割为多个虚拟频段，根据需求动态分配给不同的业务或用户。传输链路虚拟化可以将物理传输链路分割为多个虚拟链路，实现资源的灵活分配和调度。

（2）动态资源配置：通过虚拟化技术，资源优化调度技术可以根据实际需求进行动态资源配置。根据网络负载、用户需求等因素，系统可以实时监测和评估资源利用情况，以及业务的变化趋势。然后，根据预定义的策略和算法，自动进行资源的调度和分配，以满足不同业务的需求和优化网络性能。例如，根据用户流量的变化，动态调整频谱资源的分配，以提供更好的网络容量和质量。

（3）灵活性和弹性：通过虚拟化技术，资源优化调度技术实现了资源的灵活共享和分配。虚拟资源可以根据需要进行动态分配和释放，无须依赖于特定的物理设备。这种灵活性和弹性使得网络可以更好地适应变化的业务需求和网络条件。例如，在高峰期，系统可以根据需求自动分配更多的虚拟基站资源，以满足用户的增加需求；而在低负载期间，可以释放多余的虚拟资源，提高资源的利用效率。

（4）资源隔离与安全性：虚拟化技术不仅可以实现资源的灵活共享和分配，还可以提供资源的隔离以提高安全性。通过虚拟化的边界，不同的虚拟资源可以相互隔离，避免资源冲突和干扰。同时，通过安全措施和访问控制，可以保护虚拟资源的安全性，防止未授权的访问和恶意攻击。

综上所述，资源优化调度技术结合虚拟化技术，可以将物理资源抽象为虚拟资源，实现资源的灵活共享和分配。这种灵活性和动态性可以提高资源利用效率，满足不同业务需求，同时保障资源的隔离性和安全性。

3.4.4 跨层优化

资源优化调度技术可以跨越不同的网络层次，实现资源的整体优化。通过综合考虑物理层、链路层、网络层和应用层等不同层次的资源需求和性能指标，可以更好地协调和优化资源的分配和调度。例如，根据物理层信道条件和应用需求，动态调整传输链路的带宽分配，以提供更好的服务质量和用户体验。

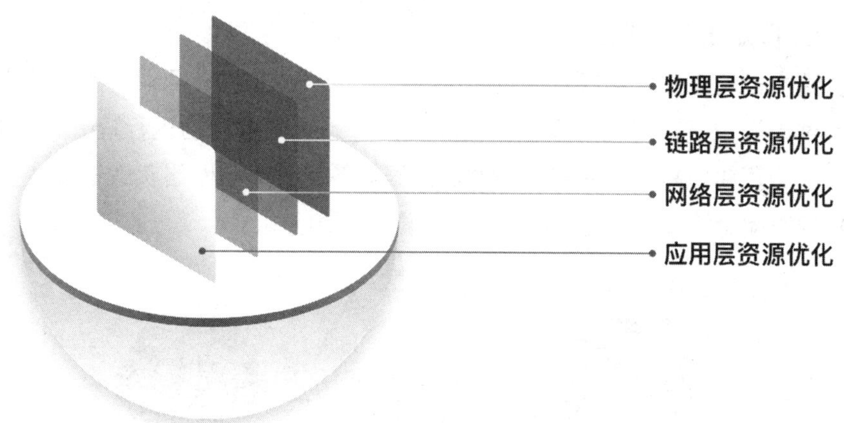

（1）物理层资源优化：在物理层，资源优化调度技术可以根据不同的物理层信道条件和设备能力，动态调整资源的分配。例如，根据无线信道的质量和干扰情况，自动优化功率控制、调整调制解调方式和频率选择，以提供更好的信号质量和覆盖范围。此外，物理层资源优化还可以通过智能天线技术、波束赋形等手段，提高网络的容量和覆盖效果。

（2）链路层资源优化：在链路层，资源优化调度技术可以根据链路质量、带宽需求和服务优先级，动态分配和调度链路资源。例如，根据链路的传输速率和延迟要求，智能地选择适当的调制解调方式和调度算法，使链路的吞吐量和服务质量最大化。此外，链路层资源优化还可以根据流量的动态变化，自适应地调整链路的带宽分配，以满足不同应用的需求。

（3）网络层资源优化：在网络层，资源优化调度技术可以考虑路由选择、流量调度和网络拓扑结构等因素，实现网络资源的优化分配。例如，通过动态路由算法和拥塞控制机制，实现流量的合理分布和负载均衡，避免网络拥塞和瓶颈。此外，网络层资源优化还可以利用多路径传输技术、网络编码等手段，提高网络的可靠性和带宽利用率。

（4）应用层资源优化：在应用层，资源优化调度技术可以根据不同应用的需求和优先级，智能地分配和调度应用层资源。例如，根据应用的实时性要求和带宽需求，合理安排不同应用的传输优先级和资源分配，以保证关键应用的性能和用户体验。此外，应用层资源优化还可以结合服务质量管理机制，对应用流量进行调度和控制，以实现服务质量的保证。

综上所述，资源优化调度技术在跨越不同网络层次的情况下，综合考虑各个层次的资源需求和性能指标，以实现资源的整体优化。这样可以提高网络的性能、可靠性和用户体验，满足不同业务的需求。

3.4.5 自动化调度策略

资源优化调度技术可以通过自动化的调度策略，实现资源调度的自动化和智能化。通过事先定义和优化的调度算法和规则，系统可以自动进行资源调度和优化，减少人工干预和提高运维效率。例如，根据业务优先级和网络负载情况，自动调整网络资源的优先级和分配比例，以满足不同业务的需求。

（1）自动化调度策略定义：资源优化调度技术通过事先定义和优化的调度算法和规则，建立自动化调度策略。这些策略可以考虑不同业务的优先级、网络负载情况和资源可用性等因素，例如设定业务优先级的权重，以决定资源调度的顺序和比例；同时，也可以根据资源的实时监测和性能指标，自动调整调度策略以适应不同的网络条件和需求。

（2）自动化资源调度：基于自动化调度策略，资源优化调度技术可以实现资源的自动调度。系统可以根据事先设定的规则和算法，自动判断当前业务需求和资源状况，进行资源的合理分配和调度。例如，当网络负载过高时，系统可以自动将资源优先分配给高优先级的业务，以确保其服务质量。当资源利用率较低时，系统可以自动将闲置资源重新分配给其他需要的业务，以提高资源利用效率。

（3）智能化调度决策：资源优化调度技术可以利用智能算法和机器学习等技术，实现调度决策的智能化。通过对历史数据的分析和建立模型，系统可以学习和预测不同业务需求和资源利用模式之间的关联性。基于这些学习和预测结果，系统可以智能地调整调度策略，并根据实时的业务需求和网络状况，做出最优的资源调度决策。这种智能化调度决策能够更好地适应复杂的网络环境和动态的业务需求。

通过自动化的调度策略和智能化的调度决策，资源优化调度技术能够实现资源调度的自动化和智能化，减少人工干预，提高运维效率，并且能够快速适应网络变化和业务需求的变化。

3.5 自适应性网络优化技术

自适应性网络优化技术是无线网络数智化运维转型的重要方向之一。它旨在通过智能化和自动化的方法，实现无线网络的自适应性优化，以适应不断变化的网络环境和业务需求。

3.5.1 自适应性资源分配

自适应性网络优化技术可以根据实时的网络状况和业务需求，动态分配和调整网络资源。例如，根据网络负载、信道质量和用户位置等因素，自适应性资源分配可以优化无线频谱的分配、基站的部署和功率控制等，以提供更好的网络性能和用户体验。通过实时监测和分析网络状况，并根据预定义的策略和算法，自适应性资源分配可以根据需要增加或减少资源的分配，以适应不同时刻的网络需求。

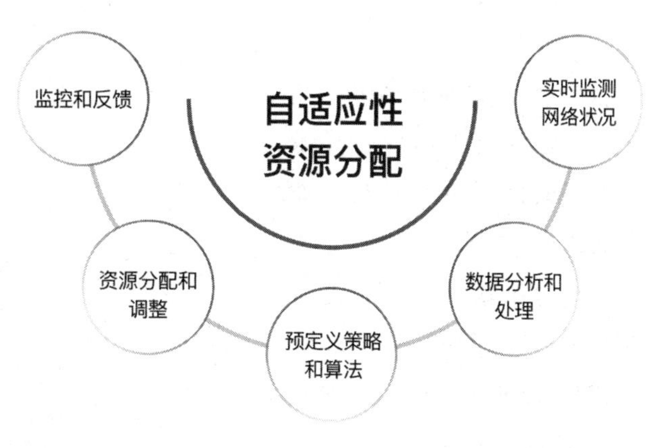

（1）实时监测网络状况：通过监测网络负载、信道质量、用户位置和移动模式等因素，可以获取实时的网络状况数据。其获取方式，可以通过网络设备、传感器、监测工具和用户终端等来实现。

（2）数据分析和处理：获取的实时数据需要进行分析和处理，可以提取有用的信息。这可以通过数据挖掘、机器学习和统计分析等方法来实现。例如，可以对网络负载进行分析，确定繁忙时段和热点区域，或者根据信道质量数据评估信号强度和传输速率。

（3）预定义策略和算法：根据网络运营商或管理员的需求，预先定义一套策略和算法，用于根据实时数据进行资源分配和调整。这些策略和算法可以基于经验规则、优化算法或机器学习模型等。例如，可以设置基于用户位置和移动模式的基站部署策略，以满足用户需求和提供较好的覆盖范围。

（4）资源分配和调整：根据实时监测和数据分析的结果，将预定义的策略和算法应用于资源分配和调整。根据不同的需求和优先级，可以动态调整无线频谱的分配、基站的部署和功率控制等。例如，在网络繁忙时段，可以增加频谱的分配以提高带宽，或者在用户密集区域增加基站的部署密度。

（5）监控和反馈：实施自适应性资源分配后，需要对网络进行监控和反馈。通过实时监测和评估网络性能和用户体验，可以对资源分配的效果进行评估和调整。

如果发现资源分配不足或过剩的情况，可以进行相应的调整和优化。

通过实时监测和分析网络状况，并根据预定义的策略和算法进行自适应性资源分配，无线网络可以根据不同时刻的需求进行灵活的资源调整，以提供更好的网络性能和用户体验。这种自适应性优化可以帮助网络适应动态变化的环境和业务需求，提高网络的效率和可靠性。

3.5.2 自适应性调度和路由

自适应性网络优化技术可以根据实时的网络负载和业务需求，动态调整调度和路由策略。通过智能算法和机器学习等技术，自适应性调度和路由可以根据网络拓扑、带宽利用率、时延和可靠性等因素，选择最优的调度和路由方案。例如，可以根据业务的优先级和网络条件，智能地分配调度资源和选择合适的路由路径，以最大限度地提高网络的效率和性能。

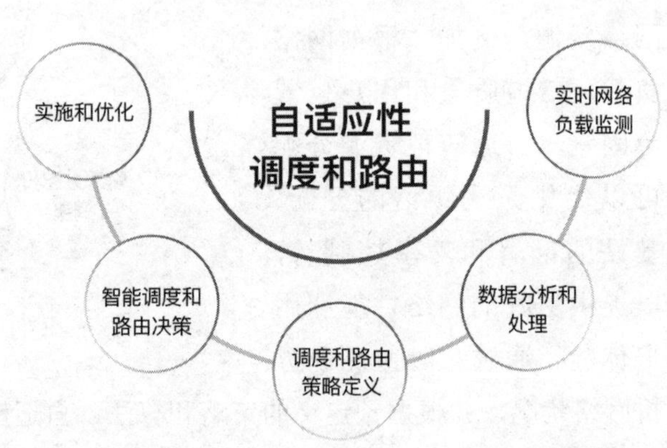

（1）实时网络负载监测：通过监测网络中的带宽利用率、时延率、丢包率等关键指标，获取实时的网络负载信息。这可以通过网络设备、流量监测工具和传感器等方式来实现。

（2）数据分析和处理：获取的实时负载数据需要进行分析和处理，以提取有用的信息。这可以通过数据挖掘、机器学习和统计分析等方法来实现。例如，可以对网络流量进行分析，识别出繁忙的链路或节点，或者根据历史数据预测网络负载的趋势。

（3）调度和路由策略定义：根据网络运营商或管理员的需求，预先定义一套调度和路由策略。这些策略可以基于优化算法、规则引擎或机器学习模型等。例如，可以定义基于业务优先级和网络负载的调度策略，以确保高优先级业务的及时交付和较低的时延。

（4）智能调度和路由决策：根据实时监测和数据分析的结果，基于预定义的策略和算法进行智能调度和路由决策。根据不同的负载情况和业务需求，可以动态选择最优的调度和路由方案。例如，在网络拥塞时，可以选择绕过繁忙的链路或节点，选择可靠性更高的路径。

（5）实施和优化：根据智能调度和路由决策，实施相应的调度和路由方案。同时，监控网络性能和业务体验，并进行反馈和优化。通过实时评估调度和路由的效果，根据反馈信息进行调整和优化，以提高网络的效率和性能。

通过自适应性调度和路由技术，无线网络可以根据实时的网络负载和业务需求，智能地调整调度资源和选择合适的路由路径，以提高网络的效率和性能。这种自适应性优化可以帮助网络适应动态变化的负载和业务需求，提供更好的服务质量和用户体验。

3.5.3 自适应性参数优化

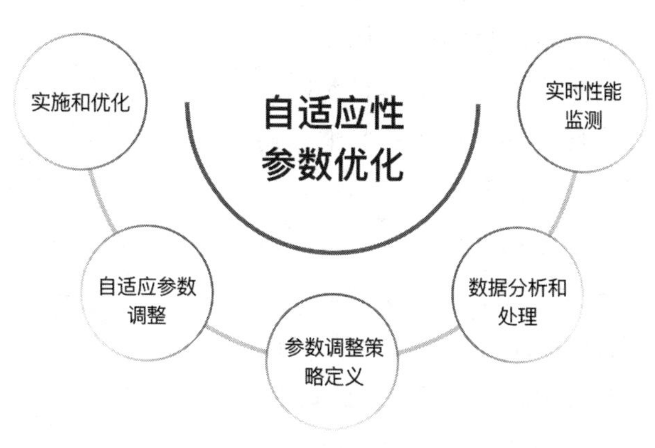

自适应性网络优化技术可以通过实时的性能监测和参数调整，实现网络参数的自适应优化。通过监测关键指标和性能参数，如信号强度、信噪比、误码率等，自适应性参数优化可以自动调整网络设备的参数设置，以提高网络的性能和容错能力。例如，可以根据实时的信道状况，自适应性参数优化可以动态调整调制解调器的调制方式和编码率，以适应不同信道条件下的传输需求。

（1）实时性能监测：通过关键指标和性能参数进行实时监测。例如信号强度、信噪比、误码率等，可以通过网络设备、传感器或专门的监测工具来获取。

（2）数据分析和处理：获取的实时性能数据需要进行分析和处理，以提取有用的信息。这可以通过数据挖掘、统计分析等方法来实现。例如，可以对信道质量进行分析，识别出信道状况较好或较差的区域。

（3）参数调整策略定义：根据网络运营商或管理员的需求，预先定义一套参数调整策略。这些策略可以基于优化算法、规则引擎或机器学习模型等来实现。例如，可以定义基于信道质量和业务需求的参数调整策略，以提高网络性能和容错能力。

（4）自适应参数调整：根据实时性能监测和数据分析的结果，基于预定义的策略和算法进行自适应参数调整。根据不同的信道状况和业务需求，可以动态调整网络设备的参数设置。例如，在信道质量较差的区域，可以降低调制解调器的编码率以提高传输可靠性。

（5）实施和优化：根据自适应参数调整策略，实施相应的参数调整。同时，监测网络性能和业务体验，并进行反馈和优化。通过实时评估参数调整的效果，根据反馈信息进行调整和优化，以提高网络的性能和容错能力。

通过自适应性参数优化技术，无线网络可以根据实时的性能监测和参数调整，自动调整网络设备的参数设置，以提高网络的性能和容错能力。这种自适应性优化可以根据不同的信道状况和业务需求，动态调整参数，以适应不同的传输环境，提供更稳定和可靠的网络连接。

3.5.4 自适应性干扰管理

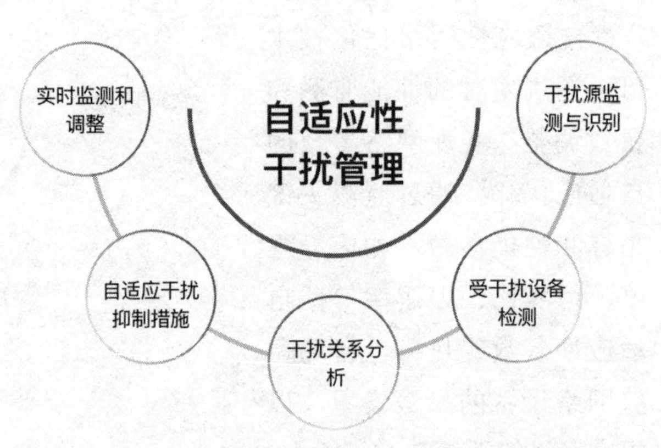

自适应性网络优化技术可以通过智能干扰管理机制，减少无线网络中的干扰影响。通过实时监测和分析干扰源和受干扰设备之间的关系，自适应性干扰管理可以采取合适的干扰抑制措施，如动态频谱分配、干扰协调和自适应功率控制等，以提高网络的容量和性能。

（1）干扰源监测与识别：通过实时监测和分析，识别出干扰源的位置和特征。这可以通过无线传感器、监测设备或专门的干扰监测系统来实现。监测数据可以包括信号强度、频谱占用、干扰频率等信息。

（2）受干扰设备检测：识别出受干扰影响较大的设备或用户。这可以通过监测设备上报的参数、用户反馈或网络流量分析等方式来实现。

（3）干扰关系分析：分析干扰源与受干扰设备之间的关系和影响。通过收集和分析干扰源和受干扰设备的数据，了解它们之间的相互作用和干扰效应。例如，识别出与特定干扰源距离较近的受干扰设备。

（4）自适应干扰抑制措施：根据干扰源和受干扰设备之间的关系和干扰特征，采取合适的干扰抑制措施。这包括动态频谱分配、干扰协调、自适应功率控制等技术手段。例如，通过动态频谱分配，将受干扰设备从干扰频段中切换到干扰较小的频段。

（5）实时监测和调整：在实施干扰抑制措施后，持续监测网络的性能和干扰情况。根据实时监测结果，调整干扰抑制措施以达到最佳效果。这可以通过反馈机制和自适应算法实现，不断优化干扰管理策略。

通过自适应性干扰管理技术，可以根据实时的干扰源和受干扰设备之间的关系和干扰特征，采取智能的干扰抑制措施。这有助于减少干扰影响，提高无线网络的容量和性能，以提供更稳定和可靠的无线连接。

3.6 网络智能化决策技术

网络智能化决策技术是无线网络数智化运维转型的重要方向之一。它基于智能算法、机器学习和大数据分析等技术，通过对网络数据的实时监测、分析和预测，以及对网络状态和业务需求的综合考虑，实现智能化的网络决策和优化。

3.6.1 数据收集与分析

网络智能化决策技术首先需要收集和分析大量的网络数据，包括设备状态、流量数据、性能指标、用户行为等。这些数据可以通过网络监测系统、传感器、日志记录等方式获得。通过数据分析和处理，提取有价值的信息和特征，为后续的决策提供依据。

数据源选择 → 数据获取和传输 → 数据预处理 → 数据分析和特征提取 → 数据可视化

（1）数据源选择：在网络智能化决策技术中，需要确定数据的来源和采集方式。可以使用各种网络监测系统和设备来获取网络设备的状态数据、流量数据和性能指标。传感器技术可以用于获取环境数据和用户行为数据。此外，还可以利用日志记录和数据采集工具来收集各种类型的数据。

（2）数据获取和传输：根据选定的数据源，采取相应的方法和协议来获取数据。这可能涉及网络监测设备的配置、传感器数据的采集、日志文件的解析等。获取到的数据可以通过网络传输或存储介质进行传输，并进入数据分析环节。

（3）数据预处理：在进行数据分析之前，需要对原始数据进行预处理。这包括数据清洗、数据去噪、数据归一化等步骤。清洗数据可以排除异常值和错误数据，确保数据的准确性和完整性。去噪处理可以消除数据中的噪声和干扰，提高数据质量。数据归一化可以将不同数据的取值范围统一，方便后续的数据分析和处理。

（4）数据分析和特征提取：在数据预处理之后，可以应用各种数据分析和机器学习技术来提取有价值的信息和特征。这些技术包括统计分析、数据挖掘、模式识别等。通过分析数据，可以发现数据之间的关联性、趋势和规律，并提取出对网络决策具有指导意义的特征。

（5）数据可视化：为了更好地理解和利用数据，数据可视化是一个重要的步骤。通过表格、图形和可视化工具，将数据转化为易于理解和分析的形式。数据可视化可以帮助决策者直观地了解数据的分布、趋势和异常情况，从而为后续的决策提供依据。

通过数据收集和分析，网络智能化决策技术可以从海量的网络数据中提取有价值的信息，并为后续的决策提供依据。这些数据可以帮助决策者了解网络的状态、性能和用户行为，以及发现潜在的问题和优化空间。

3.6.2 智能算法与模型建立

利用智能算法和机器学习技术，构建网络决策模型。通过对历史数据的分析和模式识别，建立预测模型和优化模型。例如，可以利用机器学习算法预测网络负载、故障概率等，并根据预测结果进行决策。

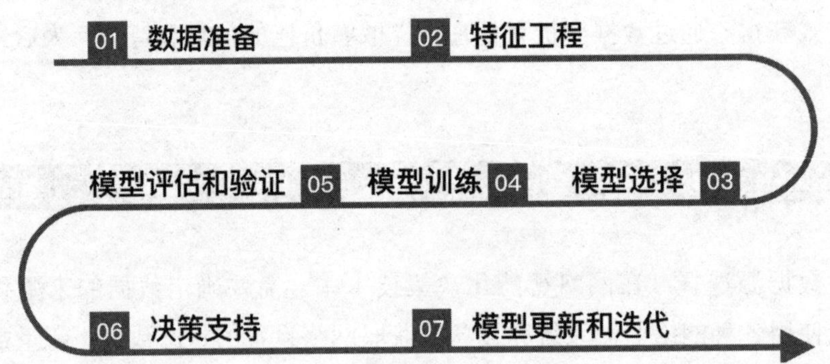

（1）数据准备：首先需要收集并准备历史数据，这些数据应该包含与网络状态、性能指标和决策相关的信息。数据的准备可能包括数据清洗、特征选择和数据标注等步骤，以确保数据的质量和适用性。

（2）特征工程：在数据准备之后，需要对数据提取有意义的特征来描述网络的状态和行为。这些特征包括统计特征、频谱特征、时序特征等，但还需要根据具体问题和数据特点来选择合适的特征表示方法。

（3）模型选择：根据问题的性质和数据的特点，选择适当的机器学习算法来构建网络决策模型。常用的算法包括回归算法、分类算法、聚类算法、时序预测算法等。选择的模型应该能够处理网络数据的特点，并具备预测或优化的能力。

（4）模型训练：使用历史数据对选定的机器学习模型进行训练。训练过程中，模型会根据输入的特征和目标变量进行学习和调整，以找到最优的模型参数和权重。训练过程可能需要进行模型验证和调优，以提高模型的准确性和泛化能力。

（5）模型评估和验证：在模型训练完成后，需要对模型进行评估和验证。使用预留的测试数据集或交叉验证的方法，评估模型的性能和准确性。评估指标可以根据具体的决策问题而定，如预测准确率、误差率、召回率等。

（6）决策支持：根据训练好的模型，可以进行网络决策支持。根据实时的输入数据，模型可以预测网络负载、故障概率等关键指标，并根据预测结果辅助决策过程。例如，可以基于预测结果进行资源分配、调度策略的选择等。

（7）模型更新和迭代：网络环境和需求可能会随时间变化，因此，需要定期更新和迭代网络决策模型。随着新数据的积累和新的决策问题的出现，可以重新训练模型或引入增量学习的方法来适应变化的网络环境。

通过构建网络决策模型，利用智能算法和机器学习技术，可以从历史数据中挖掘出有价值的信息，并基于这些信息进行预测和决策，从而提高网络的性能、效率和用户体验。

3.6.3 实时监测与预测

通过实时监测网络状态和业务需求，结合建立的模型，实现对网络性能和需求的实时预测。例如，通过监测流量趋势和用户行为，预测高峰期的网络需求，并根据预测结果调整网络资源分配和配置。

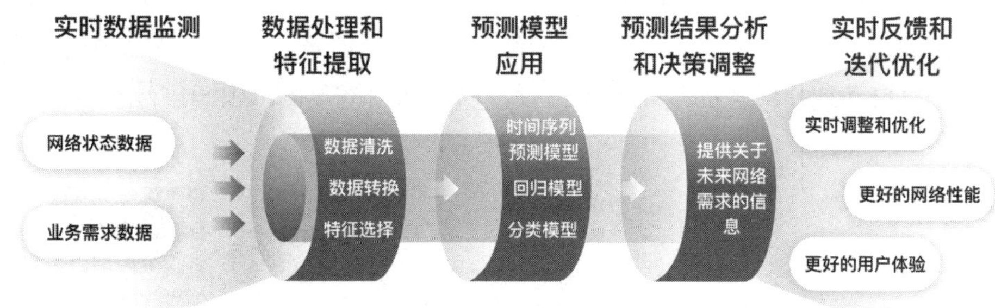

（1）实时数据监测：通过网络监测系统、传感器或日志记录等方式，实时收集网络状态数据和业务需求数据。这些数据包括流量数据、用户行为数据、设备状态数据、链路负载数据等。监测过程应具有高实时性和可靠性，以确保及时获取最新的网络信息。

（2）数据处理和特征提取：对实时采集的数据进行处理和特征提取，以便于后续的预测和决策。这包括数据清洗、数据转换、特征选择等步骤。通过对数据的处理和特征提取，可以减少数据的噪声和冗余，并提取出对网络性能和需求有意义的特征。

（3）预测模型应用：基于历史数据训练好的预测模型可以被应用于实时数据，以实现对网络性能和需求的实时预测。例如，可以使用时间序列预测模型、回归模型、分类模型等方法，根据实时的流量趋势、用户行为等因素，预测未来某一时间段的网络需求。

（4）预测结果分析和决策调整：根据预测结果进行分析和决策调整。预测结果可以提供关于未来网络需求的信息，如高峰期的流量需求、特定业务的带宽需求等。根据这些信息，网络运维人员可以调整资源分配和配置，以满足预测的网络需求。例如，在高峰期之前，可以提前调配更多的带宽资源或增加基站的覆盖范围。

（5）实时反馈和迭代优化：随着实际情况的变化，预测模型的准确性和可靠性可能会受到影响。因此，需要不断进行实时反馈和迭代优化。根据实际的网络性能数据和用户反馈，对预测模型进行调整和改进，以提高预测准确性和适应性。

通过实时监测和预测网络需求结合建立的模型，可以实现对网络资源的实时调整和优化，以提供更好的网络性能和用户体验。这种实时的网络性能预测和决策调整能力，可以帮助网络运维人员快速响应变化的网络需求，提高网络的灵活性和效率。

3.6.4 决策优化与自动化

基于实时监测和预测结果，进行网络决策的优化和调整。通过智能算法和优化技术，自动化地进行决策，并根据实际情况进行动态调整。例如，在网络拓扑调整方面，可以自动选择最佳的基站部署位置，以优化网络覆盖范围和信号质量。

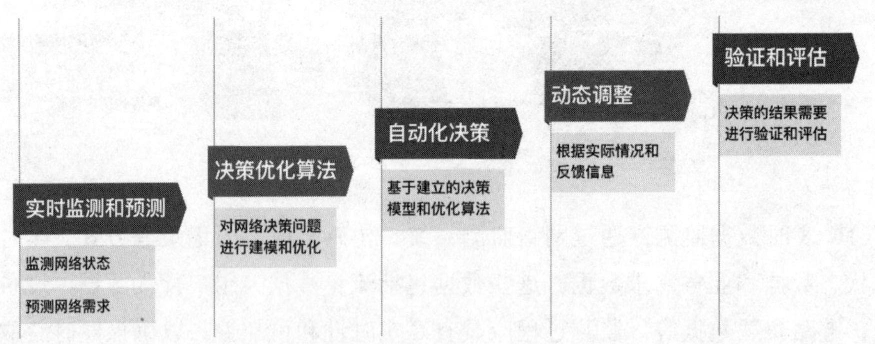

（1）实时监测和预测：通过网络监测系统和预测模型，实时监测网络状态和预测未来的网络需求。这可以涵盖各种数据，如流量、用户行为、设备状态等。监测和预测的结果为决策提供依据。

（2）决策优化算法：利用智能算法和优化技术，对网络决策问题进行建模和优化。这可以包括优化算法，如遗传算法、模拟退火算法、粒子群算法等，以及优化问题的约束和目标函数定义。

（3）自动化决策：基于建立的决策模型和优化算法，自动化地进行网络决策。例如，在网络拓扑调整方面，可以利用优化算法选择最佳的基站部署位置，以优化网络覆盖范围和信号质量。

（4）动态调整：由于网络环境和需求的变化，决策可能需要进行动态调整。根据实际情况和反馈信息，智能决策系统可以自动地调整决策结果，以满足网络的实际需求。例如，根据实时的网络负载和用户分布情况，动态调整基站的功率控制策略，以优化网络容量和覆盖范围。

（5）验证和评估：决策的结果需要进行验证和评估，以确保其有效性和可行性。这可以通过实际网络性能数据和用户反馈进行评估。如果需要，可以进行进一步的调整和优化。

通过利用智能算法和优化技术，实现自动化和智能化的网络决策，可以提高网络资源的利用效率、优化服务质量，并提供更好的用户体验。这种网络智能化决策技术的应用，有助于网络运维人员快速做出决策，并在动态网络环境中实现优化和适应性调整。

3.6.5 多目标决策与协同优化

网络智能化决策技术需要综合考虑多个指标和目标，如网络容量、用户体验、能耗等。通过协同优化和多目标决策方法，实现网络各方面的综合优化。

（1）指标和目标定义：首先需要明确定义网络优化的指标和目标。这可能包括网络容量、用户体验、能耗、成本等各方面的指标。每个指标都反映了网络优化中的重要因素。这些指标和目标的定义需要与具体的网络环境和运营需求相匹配。

（2）多目标决策方法：针对多个指标和目标，需要采用多目标决策方法。这些方法可以帮助找到一组最优解，使得不同目标之间达到平衡。常用的多目标决策方法包括加权法、Pareto 优化、遗传算法等。这些方法能够生成一系列解集，形成一个“帕累托前沿”，其中每个解都代表了不同权衡方案下的最优结果。

（3）协同优化：网络智能化决策需要进行协同优化，即综合考虑不同层次和组件之间的优化。例如，在无线网络中，需要协同优化基站的部署、功率控制、频谱分配等。通过协同优化，可以实现不同决策变量之间的相互调整和协调，以达到整体优化的目标。

（4）决策权衡：在综合优化过程中，不同指标和目标之间可能存在权衡和冲突。这时需要进行决策权衡，根据具体情况确定各个指标的重要性和优先级。通过灵活地权衡和调整，可以找到最适合网络需求和运营目标的解决方案。

（5）实时决策调整：由于网络环境和需求的变化，网络智能化决策需要实时进行调整。通过实时监测和反馈，可以对决策结果进行动态调整，以适应不断变化的网络条件和用户需求。

通过综合考虑多个指标和目标，并采用协同优化和多目标决策方法，网络智能化决策技术可以实现网络的综合优化和平衡发展。这种技术的应用有助于提高网络的效率、性能和可持续发展能力，满足不同利益方的需求和期望。

4 无线网络数智化运维转型关键技术的应用案例

4.1 基于“五看”的无线网络精确规划查勘模式研究与应用——无线网络智能规划应用案例

鉴于5G网络建设的成本高、投资大的问题，无线网络规划需要重点关注持续提升网络建设的精准性，用有限的投资发挥最大化的作用和效益。但是，无线网络有需求数量大、需求来源多、需求资源类型多、需求场景复杂等特点，加上前期存量站点勘察过程中自有人员未做到现场对市场、客户等问题开展深入论证、把关，导致部分规划建设方案存在缺陷，如站址选择、天面布放、设备选型等，网络建成后产生覆盖不足、低效网元等诸多问题。

为解决上述问题，某某分公司在2021年11月至2022年5月开展看本网、看竞对、看市场、看客户、看效益的“五看工作法”研究与应用。在该分公司确定初步规划方案后，由某省市无线网络“1+1+*N*服务支撑”团队或该分公司自有规划人员对规划站点进行逐站现场查勘，结合现场环境和真实需求情况精细化制定站点方案，从新增上实现对无线网络品质把关。

“五看工作法”贯穿摸需求、精方案、勘现场三个关键步骤，结合省内“1+1+*N*”服务支撑工作，重点落实省、市自有人员深入现场，加大现场把控力度，做精建站方案，发挥资源最大效益。“五看工作法”优化完善现场查勘的流程与规则，根据本网无线网络环境、竞对资源投放策略、市场发展的前瞻性、潜在价值客户及资源投放后的收益情况形成了一套科学性的新建规划站点的查勘管理体系。

网络规划建设应优先考虑城区等用户密集、价值较高的客户分布区域。对于这些高价值和高影响力区域，可通过“五看工作法”摸清地市现阶段规划建设需求，实现价值导向精准规划。

（1）看本网：基于后台分析和现场测试等多种手段，从覆盖和容量维度对本网问题进行梳理并分析，形成当期工程需解决网络问题清单。

（2）看竞对：分析竞争对手网络覆盖情况，输出需领先竞对的需求。县城以上区域采用 2.6G 与竞对进行覆盖比较，确保竞对覆盖区域该分公司能够形成连续覆盖；乡镇、农村区域以 700M 进行覆盖，竞对宏站周边无该分公司宏站，或单个物业点内有竞对室分且无该分公司室分的“敌有我无”区域，为竞争对手领先区域。

（3）看市场：分析分公司市场 / 集客部门收集当前高价值、高潜力、需重点保障的区域，输出区域内计划建设的点位需求。

（4）看客户：分析因网络原因引起的聚类投诉区域（如物业点、人员聚集区、自然村等），输出区域性需进行覆盖 / 容量补充的点位需求。优先考虑采用 5G 室外站实现室内覆盖，确有必要时再行考虑 5G 室内分布系统的建设。

（5）看效益：分析计划共址建设的 4G 物理站的流量情况、5G 终端占比情况，如计划建设站点的 4G 流量低、效益差（参考与当期计划部门给出的投入产出效益偏离幅度），且该站点非目标网规划的连续覆盖点位，该分公司规划人员应向市场部门沟通相关数据，该分公司通过市场网络联合评审该站点是否继续建设。如为目标网规划点位，市场也无需求，分公司规划人员应核实城区、县城、乡镇、农村图层的划分。例如：避免城区目标网规划区域面积过大，导致边缘区域业务需求低，短期建设效益低。

围绕“五看工作法”，通过“找区域、控结构、选设备、保效益”四个方面精细化编制规划方案，推进网络提质增效，支撑市场发展。

（1）找区域：以连续覆盖、热点高容量、高级价值场景、竞对发展四个维度找准投放区域，聚焦市场发展，全面提升品牌竞争力和实现市场效益的最大化。

（2）控结构：结合覆盖区域场景和客户分布情况，合理进行扇区配置，完成AAU/RRU点位规划；以站址规划尽可能均匀分布，避免密集建站导致网络干扰，保证投资效益的原则进行站址的选择；从站高、下倾角、方位角对无线环境进行合理规划，提升经济效益。通过集中化部署，节省5G网络建设投资、协作化引入，提升网络性能。

（3）选设备：合理选择宏站64TR/32TR/8TR设备，充分发挥产品性能优势，杜绝无线资源浪费。高容量、保障和示范场景选择新型室分，保持良好的市场口碑。传统室分灵活实施分区域建设方案，在保障质量的前提下降低整体造价，差异化满足5G业务需求。针对深度覆盖不足的楼宇，采用低成本方案（楼间对打方式）解决住宅小区5G深度覆盖。

（4）保效益：严查低流量场景覆盖方案，保持方案实施合理性，避免投资资源浪费。严审超低、超高、超近场景方案，确保投资效益最大化。严控新址新建站点规模，降低建设成本，增强投放效益。

初步方案确定后，某省市无线网络“1+1+*N*服务支撑”团队对规划站点进行逐站现场查勘，核实需求真实情况，结合现场环境精细化制定单站方案，用好新增资源，确保方案高效可靠。

（1）核实勘察需求：针对网络质量差、市场发展劣于竞对及客户投诉等资源投放需求，进行现场核实，找准问题区域。根据需求点位周边无线环境结合现网5G站址，优先采用优化周边站点来满足需求，原则上先优后规。

（2）细化规划方案：综合现场无线环境及需求分布情况，合理选择落地站址；评估天面阻挡情况及安装条件，合理规划扇区数量、挂高、方位角及下倾角。结合当前4G流量、覆盖区域制定设备选型方案，确保资源效益最大化。

（3）输出勘察结果：现场查勘针对新增新建、共享新建和共址新建，输出宏站、室分的查勘表，结合现场“五看”评估，确保方案可靠性。

以往规划设计工作中，存在如下问题：设计单位查勘协同不足，方案设计与查勘分离，设计人员未到现场；查勘人员技能水平偏低，现场查勘人员责任心不足、技能不足；市场网络需求掌握不够，设计查勘人员对市场需求、客户需要、网络问题等掌握不够；省市自有人员参与不足，自有人员未到现场对市场、客户、竞对等问题开展深入论证、把关，导致规划建设方案缺陷等各种原因，导致了建成后站点存在诸多问题，如站址选择不合理、天面布放冗余混乱、设备选型不匹配、投资效益低等。

通过研究和应用，可以在无线规划设计审核工作中促进分公司无线规划人员和设计单位全面分析每个点位的建设目标需求，在设计查勘阶段现场核实需求，根据需求形成低成本、高效的解决方案。同时结合大数据分析方法为上站查勘的网优工程师、规划人员提供站点的综合研判分析支撑，借助大数据关联分析、多维画像、地理化呈现等功能帮助上站人员快速掌握站点现状、识别站址问题并完成需求确认，同时实现现场关键信息快速采集回传，提升查勘效率，支撑精确规划，做实基站复勘，从存量上实现对无线网络品质负责，做精规建查勘，从新增上实现对无线网络品质把关。以看本网、看竞对、看市场、看客户、看效益的“五看工作法”，贯穿摸需求、精方案、勘现场三个关键步骤，重点落实省市自有人员深入现场，加大现场把控力度，做精建站方案，发挥资源最大效益，实现“建成即精品网”。

2022 年基于本研究成果对 5G 新建资源投放工作进行优化，通过建立问题发现、初步方案制定、站址选择、设备选型、精细方案制定等关键动作步骤规则形成一套可广泛应用的新建资源投放管理体系。体系完善后应用于全省规划新建资源投放管理工作中，有效提升需求的合理性、准确性，并进而提升规划工作效率。

通过“五看工作法”，实现了问题的精准识别、站点的精准规划，大幅提高了资源的利用率。统计通过“五看工作法”规划开通的站点所属物理站单站日均 4G/5G 总流量 336.4GB，相比现网物理站单站流量日均值 176.1GB，多出 160.3GB/（站·天），按照 2022 年 5G 分流比目标 45%、每 GB 流量 2.4 元计算，预期增收 160.3×45%×2.4=173 元 /（站·天），按使用系统平均发现问题站点比例 4.7% 计算，每万站可增收 243 万元 / 月。另外，该方法研究已在 App 与规划平台建立的数据链路，可在 App 上一键上传现场采集的数据，提升数据收集效率，单站可节约 20 分钟。

同时，本研究成果具有极好的社会效益，改变了以往工程项目中部分站点自有人员不上站查勘的局面，确定了以自有员工为主导、带着设计人员一起上站全量查勘、论证单站规建方案的机制。设计人员需按照现场论证方案，输出低成本、高效的规建方案。从实际出发，解决网络覆盖盲点和用户痛点，提升用户满意度，解决了市场的一线诉求，在实际工作中进行实践并取得显著的现网效益，推动公司高质量发展，保持移动市场核心和主导地位不动摇。

在本研究应用前，在无线网络规划设计工作领域暂无成体系的多维度规划设计查勘需求确认模型及现场快速需求方案确认的工具。因此工作中也存在“自有人员把关不够、设计单位查勘协同不足、查勘人员技能水平偏低、市场网络需求掌握不够”等问题，造成部分站点方案存在缺陷，入网后产生低效等问题。

应用后，填补了省内相关工作模型的空白，并首次在现场查勘中引入了基于App的查勘任务管控机制和基于多维度数据的规划关联分析。

通过引入多维度数据，创新性地建立竞对覆盖评估模型，市场效益评估模型，大数据分析模型，竞对问题整合模型，实现综合市场、效益、客户感知的多维分析体系，精准识别目标需求。结合大数据分析方法为查勘的网优人员、规划人员提供站点的综合研判分析支撑，借助大数据关联分析、多维画像、地理化呈现等功能帮助上站人员快速掌握站点现状、识别站址问题并完成需求确认，同时实现现场关键信息快速采集回传，提升查勘效率，支撑精确规划。

借助GIS（地理信息系统）地理化呈现和自动定位功能，首次将上站人员的位置信息与待勘站点或物业点匹配关联，后台实时运算对上站动作进行标准化管控，落实自有人员上站要求。并基于App实现每站点查勘自有人员、设计人员的记录，自动与集中规划设计审核平台对接并记录，实现查勘站点问题可回溯。

4.2 快、准、稳打造4G容量自智优化工具——无线网络智能容量评估应用案例

在日常网络优化中，由于节假日人员流动、疫情保障、基站断电等因素，局部区域在短期业务量快速增长，导致产生临时4G高负荷，需要紧急进行小区扩容等优化处理。常规的方法为由优化工程师指标监控、输出扩容方案，再登录OMC（运营和维护中心）网管进行数据加载，存在的痛点为：①问题定位不及时，问题定位在1小时甚至1天以后，及时性差；②问题解决效率低，解决1个高负荷问题小区至少投入1人30分钟；③人力成本高，面对突发的大面积高负荷，没有足够的劳动力处理问题。

基于B/S设计架构方式，采用微软.NET开发平台，分为四层，其中对三类数据源（网管性能数据，网管配置数据，华为、中兴基站硬件数据）进行数据处理，数据库采用SqL Server。在服务层，针对上层不同的需求，输出可调用的公共服务接口。在数据应用层，主要分为容量识别、实时扩容、实时均衡、指令下发四个核心应用模块，支撑高负荷预警的容量识别、定位、方案输出、指令下发。在呈现层，可支持单小区级别的优化、扩容、异常问题报警、自动回退的全流程跟踪。

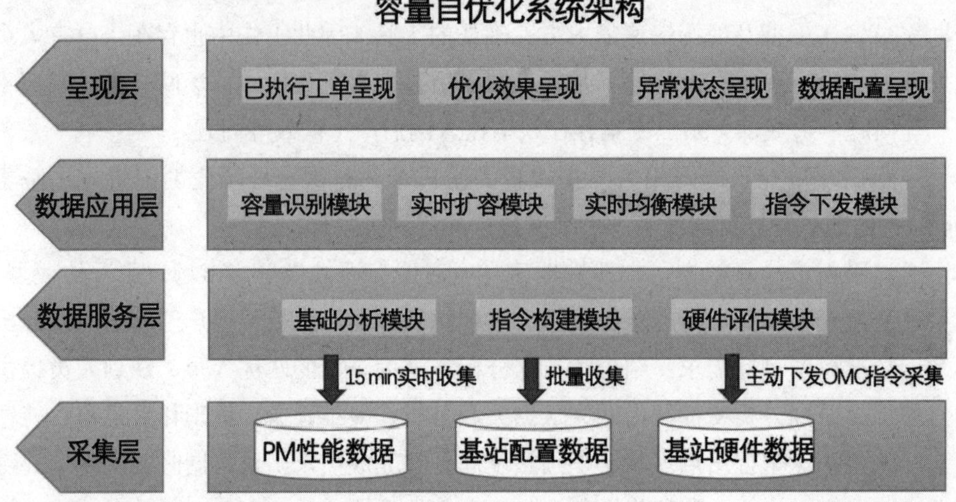

本系统为自智优化系统，能够对高负荷问题达到15min粒度的自识别、自分析、自优化、自回退。在方案制定环节，通过实时负载均衡和实时扩容两类步骤实现，主要实现流程包括高负荷问题的实时识别、问题快速定位、扩容 / 均衡方案生成、扩容 / 均衡指令下发、减容 / 参数回退指令、后评估等。在本系统中，研发了15min实时监控及预测，全网硬件打印采集，全网软硬件资源评估输出精准扩容方案，4G、5G邻区自规划完善扩容小区数据，并采用了执行遇错倒退机制，一次回退失败后再多次回退机制，实时结果反馈等手段提高网络操作安全性、稳定性，实现快、准、稳的突发高负荷预警小区自智优化。

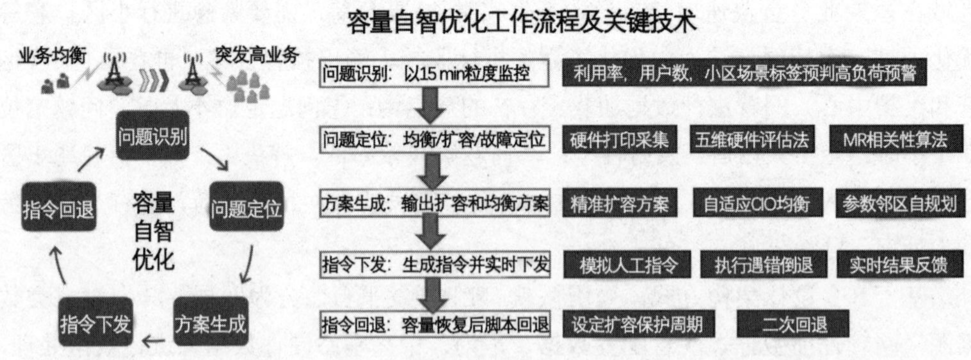

本系统建立了一套高负荷预警小区触发—脚本执行—脚本回退的自优化机制，大幅度提升网络优化效率，节约人工成本，提升客户感知。实现了“快、准、稳”的容量自智优化。

1）快

通过建立系统化工具15min实时触发问题生成，均衡参数、扩容脚本实时下发，整个过程可在20min以内实现问题从发现到方案落地闭环，相比传统人工方式效率提升6倍，解决了人工发现问题滞后，人工方案分析数据制作时间长、效率低的痛点。

2）准

基于五维度硬件评估算法，系统使用Bitmap的扩容频点判决方法，系统精准输出扩容方案，目前自动扩容成功率达到97.5%。人工方案通常先扩容失败后再分析功率不足、光口速率不足、硬件偏差等原因，准确度低于60%。

本系统利用了MR的相关性识别技术，对相关性高的小区下发均衡参数策略，均衡后高负荷预警小区压降有效率达到70%，而传统方案仅根据邻区切换判断均衡，准确率仅为50%。

3）稳

本系统涉及现网大批量参数的实时修改、批量实时增加，删除小区等指令操作，通过在指令下发模块配置异常事件监控、二次回退等机制，可安全、自动回退，不引起网络问题。即使在凌晨和非工作日，系统也按部就班运行。目前在使用中，系统未引起新的告警和新增客户的投诉。

自主核心的技术包括硬件评估、自智扩容、自智均衡。

1）硬件评估技术手段

硬件评估是本系统的中间层基础模块。在实际扩容中，由于基带板能力不足、RRU不支持，光模块速率不足，功率余量不足等各类软硬件限制，会导致小区无法成功扩容。硬件评估则是通过调用华为、中兴提供的标准化API接口，定期由平台下发OMC指令收集全量4G小区所归属的硬件信息，并由平台根据AAU/RRU，基带板、光模块、功率余量、4G/5G共模五个维度评估小区是否支持直接软件扩容，输出可支持的扩容频点，以及不支持直接扩容所缺少的条件。硬件的精准评估为后续提高自动扩容的成功率打下基础，避免扩容后产生告警，二次制作方案。此步骤由平台自动打通OMC接口，自动采集并解析入库。

2）自智扩容技术手段

自智扩容技术手段主要以15min为粒度监控无线性能指标，实时判断达到高负荷预警条件的4G小区，并调用硬件评估模块生成的硬件评估表，判断是否具备软扩条件。针对可以直接软扩的小区，从小区射频资源配置、基带资源配置、基础无线参数、功率自动规划、PCI自动规划、邻区自动规划（含4G反向邻区自规划）、互操作等方面生成参数指令690个（针对3D-MIMO的小区，还需额外下发部分3D-MIMO特性参数指令），再调用平台指令下发器，通过API接口对扩容基站所归属OMC下发指令，做到在较短时间内扩容4G多载波，缓解高负荷小区容量压力。扩容后，开启保护机制（默认1小时），当业务量减少，高负荷情况缓解后，系统自动完成减容，回收小区软件资源。自智扩容已在中兴厂家8个地市全面应用。

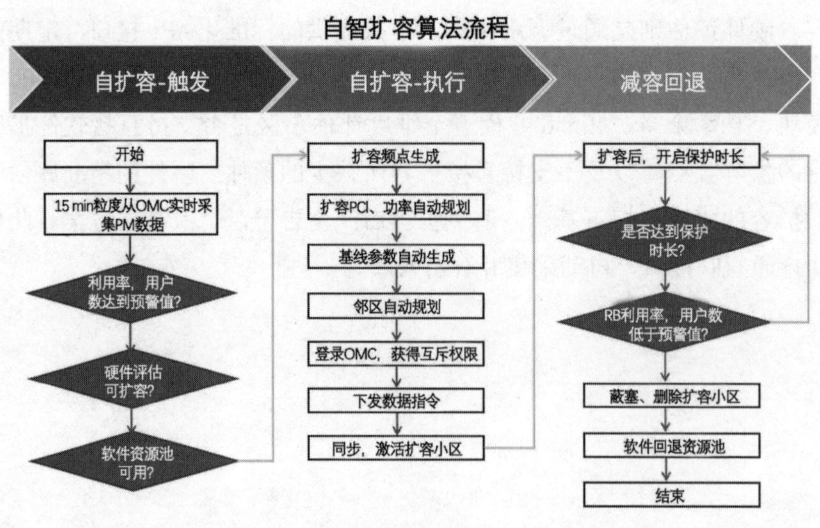

3）自智均衡技术手段

自智均衡技术手段同样以 15min 为粒度监控无线性能指标，当识别小区 PRB 利用率大于一定门限后，选择与主小区相关性最强的 3 个邻区，当判断主小区忙、邻区相对较闲的条件下，利用 CIO 自适应调整算法，以 2dB 作为步长，平台实时下发 CIO 参数来修改主小区和邻区的切换关系，让主小区用户更容易切换到邻区，达到均衡的目的。

为了提高均衡的效果，本系统设计了基于 MR 的覆盖相关性识别算法，从全量 4G-MRO 原始数据中解析两两小区的覆盖相关性，具体原理为根据全量 4G 主小区电平、同一采样时刻上报的全量邻区电平、CGI 等字段，判断在一定采样周期内电平差值满足一定条件的采样点占比，对覆盖相关性强的邻区优先纳入均衡目标小区，可进一步提高均衡的准确率和效果。

主要应用效果如下。

（1）用于解决或缓解日常的偶发高负荷问题。根据 2022 年一季度统计，某省每天偶发的高负荷预警小区超过 1.5 万个，如果仅依靠人工进行处理，需要投入高督 + 中级优化人员至少 35 人。使用平台以后，仅需投入 10 个人便可进行疑难问题的处理。截至 2022 年 8 月，某省日均对 3816 个小区进行负载均衡参数下发，均衡次数达到 12930 次 / 天，均衡有效率达到 76%，日均实时扩容达到 8468 个，扩容成功率达到 95%。平均每天由系统自优化、自扩容解决高负荷预警小区 5620 个。

（2）解决或缓解疫情、地震等突发高负荷问题。面对突发情况，各个地市高负荷预警小区突发新增上百个，仅靠传统的人力手段，地市分公司面临严重的人手不足。通过本系统，可以在 1 个小时内使扩容小区超过 200 个，顶替 10 个中端优化的工作量。面对突发大规模高负荷预警，通过平台的自智化实时均衡、快速软件扩容、一键指令下发等功能先一步执行，提前处理一部分高负荷预警小区，再结合省、市联合大话务优化、市公司现场优化、硬扩、反开 3D-MIMO（高增益的阵列天线技术）等作为补充等手段，有效地实现了疫情保障、地震灾后保障，控制高负荷预警小区，保障通信畅通。

（3）助力节假日压降高负荷。在 2022 年春节和五一节期间，由于人口流动，导致局部区域高负荷小区增加。在节假日期间，在优化人力减少的情况下，系统保持 24 小时监控小区利用率变化情况，及时做出优化调整和执行方案。据统计，在 2022 春节 1 月 31 日至 2 月 6 日春节期间，系统累计对 30854 个小区进行了自动实时负载均衡参数优化，对 18240 个小区进行了自动实时扩容。在 2022 年五一假期期间，系统累计对 11884 个小区进行了自动实时负载均衡参数优化，对 7872 个小区进行了实时扩容，有效率超过 80%。

4.3 基于 4G/5G 融合的容量分层提升方法研究——无线网络智能容量评估应用案例

随着 5G 网络的快速建设，网络结构愈加复杂，4G/5G 长期共存、协同优化将是无线网络面临的一个长久局面，短期内 4G 网络容量仍然是影响客户感知的关键因素。某分公司详细阐述了 4G/5G 融合组网下，基于客户感知提升，从 5G 驻留能力提升、5G 分流能力提升及 4G 效能精耕三个维度，总结出容量分层“十步循序”解决措施，并通过现网实施验证了其有效性。

1）模型搭建

基于 4G 高负荷预警小区解决措施，从 5G 驻留能力、5G 分流能力及 4G 效能精耕三个维度，细化梳理解决方法，其中 5G 驻留能力提升措施包含 4G 高负荷且 5G 已规未建开通、4G 高负荷且 5G 共址低零整治、高干扰整治、5G 客户高倒流结构优化及 5G 新增规划；5G 分流能力提升措施包含 5G 软开关未打开设置物业点宣传引导与 4G 高 DOU（平均每户每月上网流量）终端多的物业点终端迁转；4G 效能精耕措施包含加强负载均衡优化，高负荷与低效并存整治，精准软硬扩容，高山多频堆叠站及流量热岛物业点容量下沉。

2）实施流程及关键技术

遵循解决手段由易到难、资源投入由少到多的原则，指引一线优化人员快速定位 4G 高负荷预警小区原因，通过低成本、高效的手段解决容量受限问题，总结“十步循序”解决方案，大幅提高了网络优化效率，并间接节约了人工成本。

系统基于大数据平台分析，建立一套高负荷预警小区原因定位与解决措施循序匹配的优化机制，大幅度提升网络优化效率，节约人工成本，提升客户感知。

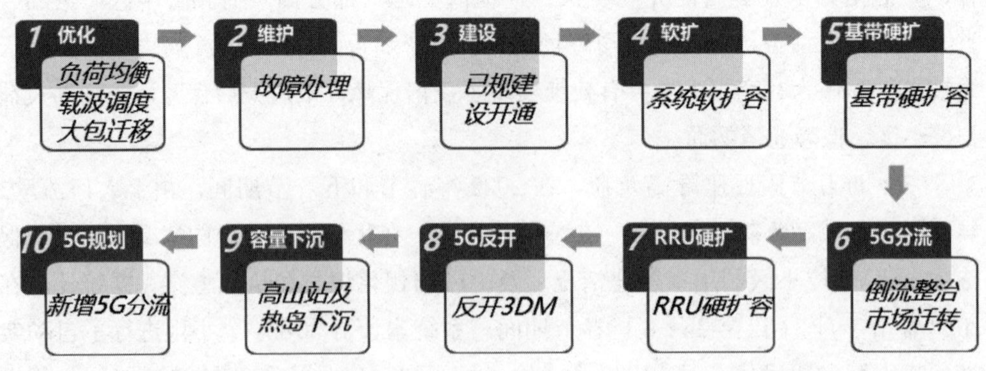

①系统智能分析节省人工耗时

通过系统智能化分析，高负荷预警小区可在 5 分钟内定位问题原因，并在 1 分钟内输出参考解决措施，最大支持并发分析量高达 2000 条，相比传统人工方式效率提升 5 倍，解决了人工发现问题滞后，人工方案分析数据制作时间长、效率低的痛点。

②参考解决方案实施准确率高

分析下发的负载均衡及软扩措施，根据历史结果跟踪统计，措施关联问题解决成效显著，负载均衡有效率达到 65%，软扩有效率达到 82%，而传统人工定位措施解决有效率仅为 45%。

自主核心技术为问题小区资源匹配评估与智能化输出参考解决方案。

①科学评估整治资源

针对问题进行分类思考，以出现周期长短进行识别，其中频次小于 2 周为临时偶发类高负荷预警小区，解决手段主要以维优手段及载波动态调度为主，频次大于 3 周为长期高负荷预警小区，解决手段按照“十步法”进行循序评估，针对依然无法解决的，再考虑新增 5G 站点规划分流予以解决，其中针对新增规划方案需以正向收益为前提；另针对暑假促销期间重点口碑场景下的高负荷预警小区，同样优先采取“十步法”进行评估；无法解决的再结合 5G 已规划待建站点开通及现网资源盘活予以解决。

②智能分析解决措施

基于高负荷预警问题小区所在物理站点、同覆盖小区、邻小区数据、历史性能、历史告警及历史干扰等 11 项数据源叠加分析，系统将基于综合分析结果智能映射对应解决模型，从而输出对应解决参考方案，此步骤由大数据平台自动采集、自动匹配并解析入库，并根据评估参考方案输出流量预测、用户数预测及无线利用率预测结果，指导一线优化人员选择合理手段进行解决，从而释放压抑流量，增强用户体验。

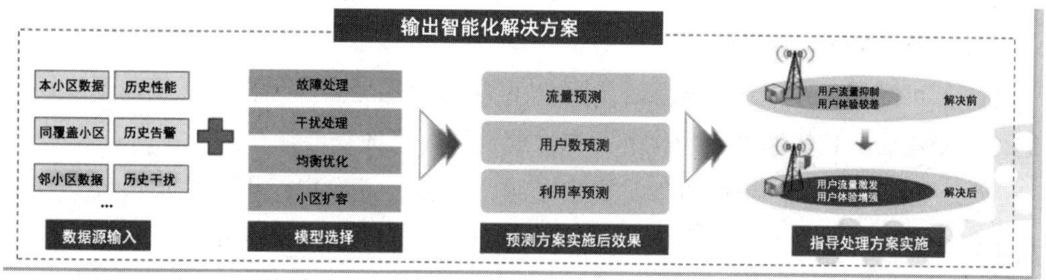

该系统主要适用于全省高负荷预警小区整治的方案评估、资源调配及进度跟踪，目前已在省网优大数据平台部署搭建，可实时输出全省无线高负荷预警小区整治进度情况，支撑分公司对容量受限问题进行攻坚优化，助力分公司更准确及时知

道整治进度。目前已推广至全省各地市，分公司可根据属地需求，独立提取高负荷预警整治详情及当前剩余待整治量，并可作为后续现网资源盘活的重要支撑手段。经线下培训推广，基于 4G/5G 融合的容量分层提升方法已覆盖全省各地市分公司，实现高负荷预警点位网络整治进度的高效跟踪，相比传统调度跟踪模式，该体系相关智慧化识别及校验功能大大节省了人工分析耗时，累计解决 3 万个高负荷预警小区。技术手段主要遵循低成本高效解决原则，结合一线优化生产需求，集成资源需求评估、方案智能分析等功能，支持偶发类、长期类高负荷预警小区方案的智能化匹配，方案一键化导出功能支撑分公司便捷、高效地管理区域性无线容量受限问题的解决，为 4G 容量下沉方案及 5G 新增规划类需求的联合评审提供依据，以“一点一案”为评审思路，高效支撑线下阶段性评审及线上评审结果的留痕，并实现重要节点流程数据汇总处理及进度、质量等多维度统计的呈现管理。

4.4 指令直采及 AI 隐患识别的研究与应用——无线网络智能故障预测应用案例

企业之间的竞争就是客户、市场的竞争，如何有效提升客户感知和满意度，是运营商必须要面对的挑战。因此传统的“事后处理”的维护方式亟须转型。

根据某集团公司以数智化转型、高质量发展为主线的“力量大厦”战略要求，启动了指令直采巡检和 AI 隐患识别功能研究，智能预测基站退服结果、识别单板温度、光功率、驻波比和业务隐形故障，促进由事后维护向主动维护转型。

该系统在全省各个分公司开展全面应用，并定期进行自动化分析，指导分公司进行日常维护工作。

该成果依赖指令透传技术进行数据直采，再通过 AI 机器学习挖掘故障发生前的隐性关联特征，对故障进行预测或对隐性故障进行识别。

技术特点如下。

（1）可配置：本系统在研究之初就以可配置为立足点，当指令采集和隐患识别的规则变化后，只需通过图形化界面二次配置即可完成功能调整。

（2）OMC 直采：传统巡检都是提出需求，厂家开发接口，再由采集层采集解析后推送大数据平台，各上层应用再从大数据获取数据。此过程环节多，耗时长，且需要厂家协调开发。现在只需输入需要的指标名称，系统会自动根据指标名称生成指令文件获取数据并解析入库，只需数小时就能完成全网数据采集。

（3）人工智能：获取数据后，由人工智能分析数据，挖掘特征，进行隐患和故障识别。

从功能上线至今，月均完成3000次以上故障智能分析和预测，准确率达到80.6%。通过该模型的使用，退服告警量环比降低12.47%，基站平均故障处理时长缩短23.82%。

本系统基于微服务的逻辑架构，通过OMC指令透传技术和XGBoost机器学习算法，实现指令数据直采和隐患智能分析识别。

由于可配置性要求，本系统将应用的输入数据、具体算法拆分为多个功能模块，围绕着业务领域组件来创建应用，这些应用可独立地进行开发、管理和加速。通过相互调用灵活实现规则的二次配置。

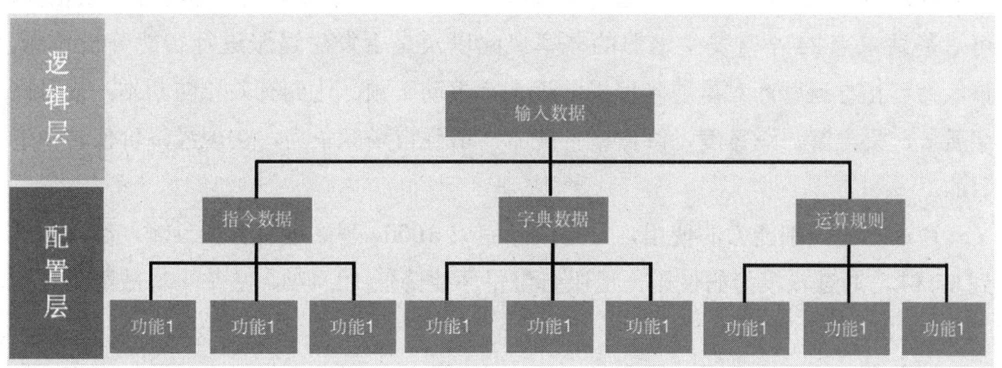

OMC指令透传技术，通过打通与OMC的接口，建立与OMC的接口通道。上层应用根据配置化任务调用基础指令功能，生成标准化指令文件。将指令文件通过通道传递至OMC进行执行，执行完后获取报文信息，解析并将结果数据进行入库回推。接收到数据后再进行数据处理清洗，生成需要的详情文件和指令巡检报告。

XGBoost机器学习算法，将重点放在对loss function的理解和对求解过程的把握上，这两个点串接在一起构成了算法实现的主框架。该算法思想就是不断地添加树，不断地进行特征分裂来生长一棵树，每次添加一棵树，其实是学习一个新函数，去拟合上次预测的残差。当我们训练完成得到k棵树，预测一个样本的分数，其实就是根据这个样本的特征，在每棵树中会落到对应的一个叶子节点，每个叶子节点就对应一个分数，最后只需要将每棵树对应的分数加起来就是该样本的预测值。

数据是业务分析的基础，在运维管理和网络优化中扮演着至关重要的作用。数据的时效性又是数据的保障。由于传递环节多，各环节之间的协调性要求高，导致很多数据的滞后性较大。同时分公司需要从OMC查数据时，需要先获取站名，再查找归属的网管、登录对应网管、查询指标，流程烦琐，且一次只能查询一个站的一项指标。

首先，通过指令巡检成果的推广，可以快速、高时效性地获取指标。经过试用测试，华为片区获取所有站点的告警和隐患识别相关类别的性能指标耗时 2 个半小时，极大地提高了一线生产效率。之前通过指令打印获取相同数据耗时接近一周。

其次，使用本系统无须烦琐的前期准备和操作，只需等落地平台，通过简单图形化配置即可完成数据获取。同时，支持按分公司、网络制式和厂家进行批量操作，无须登录更换网管，一个一个站点查询。

隐患识别，由于隐患识别分为多个子场景，在此仅以退服预测为例进行介绍。

输入前 7 天的告警数据，通过 AI 挖掘 4G/5G 基站退服发生前的隐性关联特征，可对基站未来 24 小时发生退服的概率风险以及是否发生退服进行智能分析预测。该能力可指导运营商对重要告警提前识别，主动干预，达到有效预防断站，提升网络质量，提升客户满意度，降低维护成本，增强市场竞争力，实现经济价值转换的目的。

通过隐患识别能力的使用，月均成功完成 3000+ 基站退服智能预测，准确率达到 87.6%，通过该模型的使用，退服告警量环比降低 12.47%，基站平均故障处理时长缩短 23.82%。

社会效益：效率提升。成果推广前，分公司进行问题定位时只能单站查询，并且需要反复登录不同的 OMC 和收集查询指令，一个站点耗时需 2 ～ 5 分钟。现在，维护人员通过使用指令巡检，耗时缩短至 0.0014 分钟，数据查询效率提升 100%；通过使用隐患识别，提前干预或配备资源，基站平均故障处理时长缩短 23.82%。

经济效益：

（1）流量效益。平均故障历时缩短 2.5 个小时，预估日均产生流量 4.6 万 GB，按照每 GB 流量 3.9 元的计费标准，日均等效产生收益 17.94 万元；仅退服预测一项隐患识别功能，由于提前干预避免的故障发生等效产生收益就为 6548.1 万元 / 年。

（2）成本节约。由于提前干预和数据分析的效率提高，使故障处理效率大幅提升，在保障相同区域情况下，等效节约费用 308 万元 / 年，节省大量的人力成本。

成果应用场景：

（1）重点保障。利用人工智能对性能和告警数据进行智能分析，针对重点保障场景，根据预测结果，提前干预排查，减少故障发生，减少故障历时。在重要活动前，通过区域站点预测识别分析，保障活动的顺利进行。

（2）提前干预。通过使用隐患识别的退服预测，月均成功完成 3000+ 基站退服智能预测，维护人员提前干预，退服告警量环比降低 12.47%；通过隐性故障识别，驻波比、光功率和单板温度减少了数千次故障发生，实现了客户感知和经济效益的双赢。

隐患识别L4级别功能的无线4G/5G基站退服预测能力，是某省内首次实现基站退服的预测。通过输入前7天的历史告警数据，经AI（人工智能）分析挖掘4G/5G基站退服发生前的时序和空间特征，可对基站未来24小时发生退服的概率风险以及是否发生退服进行智能分析预测，从而主动干预，达到有效预防断站的作用，填补了故障智能预测的空白。

相对兄弟省份的预测能力，本系统也拥有其独特的优势：

（1）输入数据参数较少，数据准备难度小。其他功能相似能力涉及参数较多。

（2）支持对单一基站和批量基站的预测。本系统的预测范围适应性较广，支持对全省、分公司和单个站点的退服情况进行预测。

（3）预测结果不只给出了发生概率，也给出了是否发生退服的判定结果，有利于指导一线生产。其他功能相似能力给出的预测结论为发生概率，而针对此概率值多少为高、多少为低缺少判断标准。且不同基站由于其硬件配置和环境情况不同，即使发生概率相同，其实际发生退服的结果也相差较大，因此无法有效指导日常维护。

（4）预测结果为未来24小时可能发生的情况，针对性强。已有类似功能预测时效一般都是未来72小时发生退服的情况，此时效过长，导致一线难以排查或提前配备资源应对。本系统时效性为24小时，隐性故障已充分凸显和暴露，使得提前干预的可能性大大增加。

适用的场景：

主动维护提前干预。利用人工智能对告警数据进行智能分析，提前发现基站运行的隐患并整改。

重要场景维护保障。针对重点保障场景，根据预测结果，提前干预排查，减少基站退服发生。

本系统主要基于省内告警及相关数据，结合AI模型，不断迭代更新。推广到各省使用时，需要根据各省数据源类型，调整输入相应的数据及字段即可。

4.5 室分智能排障关键技术的研究与应用案例

室分优化维护“监控难、效率低”的问题，长期以来一直都是业界的痛点，严重影响室分网络质量与效益的发挥，为确保室分网络的健康运行，亟须突破传统思维模式，开展室分故障监控及定界定位研究。

本项目研究基于室分楼宇常驻用户及所在位置开展室分运行质量智能监控，引入机器学习、人工智能发展成果，通过充分挖掘室分相关数据指标的潜在联系，形成基于机器学习的室分监测及分析模型，实现以往难以发现的室分局部故障、隐性故障的智能识别、预测、原因界定和自动定位。

本次项目研究通过机器学习、人工智能方法进行楼宇室分故障定位分析，并对4G/5G室分故障原因准确性进行验证。通过对100余栋系统判断的室分故障楼宇进行实地验证，其中83栋楼宇经证实室分故障现象和原因是准确的，准确性达到83%；其余17栋不是室分故障问题，但楼宇本身存在弱覆盖等问题。验证结果表明，技术方案和准确率可满足实际生产要求。

相比传统方式，问题发现由天粒度提高到15分钟粒度，问题定位时长由多天缩短到1分钟，故障处理由多天缩短到1小时，不需现场测试、不需购置测试设备，一举解决室分“故障发现难，问题响应慢；故障定位难，排障成本高；故障监管难，解决效果差；质量评估难，优化能力弱”的老大难问题。

本项目研究解决了一直以来室内网络深度覆盖及室内网络质量监控、室分故障处理的难点问题，提升了网络维护和优化工作效率。本项目开创了一种无须人力和仪器仪表到现场进行逐层测试定位，准确监控、预警、定位室分问题的新方法，大大降低了室分运行维护成本，也提升了室内网络质量和客户感知。

针对室分优化维护“监控难、效率低”的问题，我们开展了室分故障监控及与定界定位相关的核心技术的自主研发。本项目的5项主要核心技术均为自主研发，详情如下。

自主核心技术1：基于切片的高精度用户位置定位。

通过网络侧提取的MDT（最小化路测）数据，以用户为单位，将相似的MR信息处理为切片并进行汇聚得到样本的特征集合，根据预先设置的机器学习算法进行样本特征数据训练，构建用户定位模型。将网络侧待定位的用户MR数据进行切片处理后，根据切片的主服小区查找对应的定位模型，并使用模型对切片进行定位，确定用户位置。

自主核心技术2：小区常驻用户楼宇定位回填。

常驻用户识别：提取信测数据中用户IMSI（国际移动用户识别码），时间，ECI（小区唯一标识码）等相关信息，进行小区常驻用户识别，输出该小区常驻用户IMSI、ECI、平均驻留时长、驻留时间段等特征数据。

工作地点常驻用户：根据用户最近两周工作日（星期一至星期五）时间在每个小区的驻留时长，用户在该小区平均每天驻留时长大于2小时，则为该小区工作地点常驻用户。

家庭地点常驻用户：根据用户最近两周的夜间在每个小区的驻留时长，用户在该小区驻留平均每天时长大于 2 小时，则为该小区家庭地点常驻用户。

常驻用户楼宇定位回填：基于高精度用户位置定位，根据终端从室外进入室内最后一次定位数据，结合高精度地理图层辨别用户进驻的楼宇，实现常驻用户室内采样点位置回填。

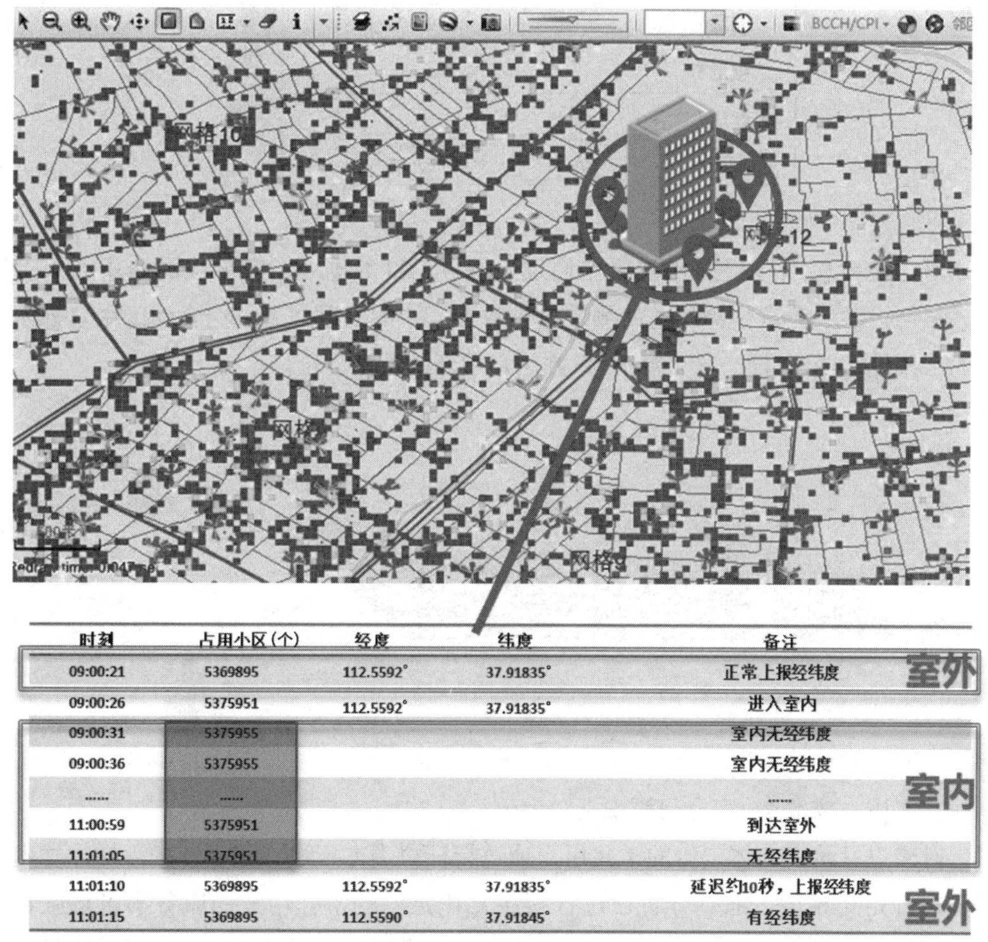

时刻	占用小区(个)	经度	纬度	备注
09:00:21	5369895	112.5592°	37.91835°	正常上报经纬度
09:00:26	5375951	112.5592°	37.91835°	进入室内
09:00:31	5375955			室内无经纬度
09:00:36	5375955			室内无经纬度
......	......			......
11:00:59	5375951			到达室外
11:01:05	5375951			无经纬度
11:01:10	5369895	112.5592°	37.91835°	延迟约10秒，上报经纬度
11:01:15	5369895	112.5590°	37.91845°	有经纬度

自主核心技术 3：常驻用户楼宇分层立体定位。

对常驻用户进行 OTT 定位和 Wi-Fi 信息挖掘，采用 Wi-Fi 分层技术，识别常驻用户所在的楼宇及楼层信息。Wi-Fi 分层技术是通过挖掘出的用户经纬度信息先定位用户所在的楼宇，利用同一栋楼宇采集到的多个用户 Wi-Fi 网络信息进行 Wi-Fi 分层，建立楼宇—楼层—Wi-Fi 信息库，通过 Wi-Fi 连接情况实现用户楼宇楼层定位。

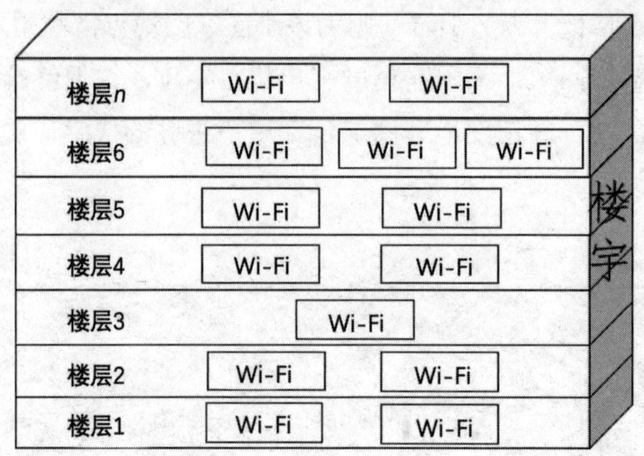

对定位到楼宇楼层的常驻用户通过关联其 MRO 数据（指在无线网络中通过基站、移动设备或测试仪器收集的测量报告数据）中的邻区信息，结合邻区中室外宏站的工参经纬度信息配置，定位该常驻用户所在的楼层方位。

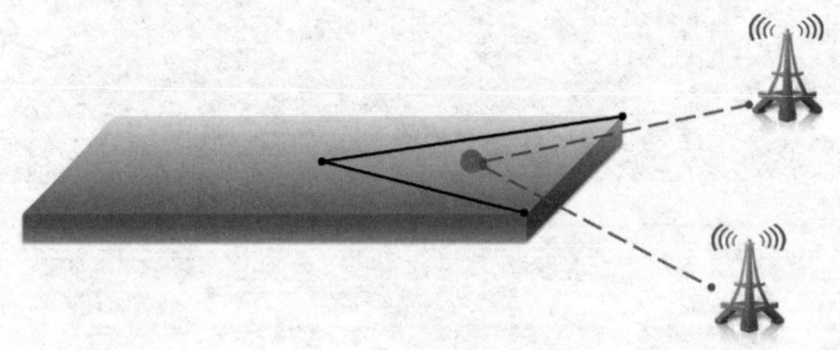

自主核心技术 4：室分问题识别和定位。

对未进行楼宇立体定位的常驻用户通过特征聚类方式进行识别归类，增加样本量，提升定位精度。通过分析已进行楼宇立体定位的常驻用户的服务小区场强特性、邻区场强特性，以及服务小区质量及邻区质量等特性，通过特征聚类方式进行识别归类，实现未立体定位常驻用户的立体定位。

（1）根据常驻用户样本数据间的相似性度量，计算不同用户之间的距离。

（2）通过计算未定位常驻用户样本数据与已定位用户之间的距离相似度，将相似度最大的未定位常驻用户归类到已定位组，输出数据：楼宇—楼层—方位—用户组。

自主核心技术 5：室分问题识别和定位。

基于聚类后的常驻用户组，通过提取用户组 MRO 等的 XDR（可拓展威胁检测与响应）信息及相关话务数据，按用户组统计输出相关指标等多维数据，按用户组统计输出相关指标。

按照楼宇、楼层、方位、用户组、小区五个维度汇聚统计流量、MR 覆盖率、MR 平均电平、MR 弱覆盖采样点数、MR 采样点、MR 弱覆盖采样点占比、2G/3G 回落次数、RRC（无线资源控制）连接数、LTE（一种网络制式）接通率、LTE 掉话率、LTE 切换成功率等相关指标。

结合楼宇—楼层—方位—用户组相关性能指标及变化情况进行楼宇室内问题智能定位。输出整栋楼宇故障、局部楼宇故障、合路器接反或故障、室外站入侵、室分外泄等原因定位结果。

如整栋楼宇故障特征表象：

（1）楼宇的历史数据显示各楼层占用过室分小区，表明该楼宇存在室分覆盖。但目前用户组小区数据占用宏站采样点较多。

（2）楼宇用户组主服小区采样点变化比例大于或等于 80%；当前室内小区采样点占比 - 历史室内小区采样点占比 / 历史室内小区采样点占比小于或等于 80%。

（3）无共覆盖的 GSM（全球移动通信系统）室分小区或共覆盖的 GSM 室分小区流量下降幅度超过 50%。

（4）室分小区在所有楼层中的用户组的 MR 弱覆盖率上升 15% 或 MR 平均信号电平降低 15 dB（可调）或数据流量降低 15%。

输出：判断为整个楼宇存在隐性故障，具体定位为楼宇信源及主干部分故障。

先进性：

本项目创新性地提出基于精准楼宇聚类用户的室分问题智能分层定位方法，通过提取用户信令面和用户面数据，分析用户在基站小区的周期性活动及驻留规律，输出小区对应的常驻用户，通过 OTT（通过互联网向用户提供各种应用服务）定位和 Wi-Fi 立体分层技术，确定常驻用户所在的楼宇楼层及方位，结合常驻用户网络测量数据 MRO 中的主服、邻区信息和室外宏站的参数配置信息，识别用户所在的楼层方位，并利用已立体分层定位的常驻用户的服务小区场强特性、邻区场强特性以及变化特性，采用聚类方式实现未定位的邻近用户的立体定位并形成用户组，建立起楼宇—楼层—方位—用户组关系，统计用户组中真实用户的网络指标，根据用户组指标变化，实现室内问题智能识别和室分故障智能定界定位。

对比当前国内外同类室分故障监控分析定位技术，其他技术实现方式都是基于小区级指标波动进行经验模拟或人工智能判断，只能判断室分小区是否存在隐性故障，不能定位故障所在楼层及方位，更无法定位到信源或无源器件问题。

本项目成果基于楼宇—楼层—方位精准定位常驻用户组的网络指标，解决了其他方案未涉及的精确位置真实网络指标波动问题，从更小粒度、更精确位置判断室分隐性故障，准确度更高，继而带来更好的经济价值和更高质量的网络服务。

经过专利检索，与当前国内外同类技术典型方案进行对比如下。

对比一：一种室分隐性故障排查方法及装置（福建移动）。

通过获取MRO原始数据，对MRO原始数据进行解析，得到MRO格式化数据，根据MRO格式化数据，计算与服务小区的RSRP（参考信号接收功率）相关的覆盖延伸指数，根据覆盖延伸指数，确定服务小区是否存在隐形故障，该方案仅通过MRO原始数据中的网络覆盖范围来判别室分隐性故障，且MRO数据未进行位置定位，因此，识别准确率较低，且只能识别小区级是否存在故障，而不能确定故障发生的楼层和方位。

本项目成果基于楼宇常驻用户组、用户真实网络运行指标，根据用户组指标变化组合来确定室分问题或故障，故障判断的准确率更高，原因定位更加具体明确，继而更加节约室分故障的排查整治成本。

对比二：一种基于RFID技术的移动通信室分故障定位仪（珠海市联电科技有限公司）。

基于RFID技术的移动通信室分故障定位仪，包括合路器、控制模块、射频放大模块、RFID接收模块、modem模块和用于供电的电源模块；通过modem模块与控制模块相连，控制模块、射频放大模块和合路器的第三输入端口顺次相连，合路器的第二输入端口、RFID接收模块和控制模块顺次相连；合路器的第一输入端口用于接基站设备，合路器的输出端口用于接室分系统，监测室分天线链路上的故障，该方案需要新增新的硬件设备，成本较高实施难度大。

本项目成果基于楼宇常驻用户组、用户真实网络运行指标，根据用户组指标变化组合来确定室分问题或故障，该成果所依赖的数据均来自运营商现有网管及DPI采集数据，不增加额外硬件投入，全程自动采集智能分析，无须安排人员进行现场测试，成本低、效率高，适合所有运营商推广，具有非常高的经济价值。

对比三：室分小区故障定位方法、装置及电子设备。

上述技术提供一种室分小区故障定位方法、装置及电子设备，在预测时间节点获取室分系统中各个室分小区的信号强度测试报告，信号强度测试报告包括信号指标参数。根据各个室分小区的信号指标参数以及对应的信号门限参数确定室分系统中的故障室分小区，其中，信号门限参数根据预设预测模型进行确定，预设预测模型的参数输入为对应小区在历史周期内采集的信号强度测试报告，历史周期包括预测时间节点之前的预设时长。该方案仅从室分小区级指标波动判断室分存在故障，无法定位室分局部故障，更无法定位故障所在位置和器件。

本项目成果基于楼宇常驻用户组、用户真实网络运行指标，根据用户组指标变化组合来确定室分问题或故障，故障判断的准确率更高、效率更高，原因定位更加具体明确，如定位到具体楼层方位甚至 BBU-RRU- 无源器件的故障。无须现场测试，无须破坏隐蔽工程，大幅节省室分故障的排查整治成本，也减少对室分所在建筑的影响，减少业主抵触。

实用性：

日常生活中，70% 的移动业务发生在室内，然而室内网络质量评估、监控一直是个痛点问题，现有的室分故障问题排查手段主要缺点包括以下几点。

（1）现有室分小区故障为小区级，无法定位到小区局部区域。

（2）现有室分小区为多 RRU 共小区，无法准确反映 RRU 局部区域网络问题。

（3）室分故障无法精准定位到具体楼宇、楼层及楼层的具体方位上。在进行问题定位时需要耗费大量人力和仪器仪表进行现场定位测试，投入大、效率低。

（4）对于无法进入房间内测试的区域，无法测试到用户的信号情况和用户感知情况。

（5）现网的室分验收测试、日常室分测试仍然需要人工进行测试和定位，且需逐层测试整个室分小区覆盖的楼栋、楼层才能定位问题。

本项目通过挖掘楼宇真实常驻用户，基于常驻用户指标变化进行室内网络质量监控和故障识别，力求方法和技术能够切实用于日常生产，提升生产效率。本项目的研究成果的实用性主要体现在以下几个方面：

（1）研究采用基于切片的位置定位方法，通过高精度用户位置定位将常驻用户定位到具体楼宇。

（2）研究基于用户 MRO 数据中的邻区信息、室外宏站参数配置信息，以及用户 Wi-Fi 连接信息，识别常驻用户所在的楼层及方位，并根据已定位楼层及方位的常驻用户进行聚类，建立楼宇—楼层—方位—用户组数据库。

（3）研究基于楼宇—楼层—方位—用户组性能指标变化的室分故障类型识别。

效益情况：

1）降本增效

本次项目通过机器学习、人工智能方法进行楼宇室分故障定位分析，并对 4G/5G 室分故障原因准确性进行验证。通过对某地市 200 栋系统判断的室分故障楼宇进行实地验证，其中 161 栋楼宇经证实室分故障现象和原因是准确的，准确性达到 80.5%；其余 39 栋不是室分故障问题，但楼宇本身存在弱覆盖等问题。验证结果表明，技术方案和准确率可满足实际生产要求。

2）经济效益

基于精准楼宇聚类用户的室分问题，智能分层定位系统已在公司内部进行了多次试点应用。系统与现有其他优化平台实现信息交互、数据共享，将室分故障分析结果推送至集中网优大数据平台，确保分析结果的闭环。目前试点应用反馈良好，大大提升了室分网络质量的监控和分析效率。根据当前室分故障现场排查工作费用测算，室分故障排查效率提升 50 倍以上，每年可节约经费 1 000 万元以上。同时预计网络投诉量可以减少 20%，客户满意度可以提升至少 5 个百分点。

3）社会效益

通信是国民经济的基础设施，是为社会和人民生活服务的公用事业。本次通信项目成果，除自身可以获得的直接经济效益外，更重要的是能促进和带动技术进步，提高劳动生产率，方便人民生活，具体表现在以下三方面：

①能够更好地满足社会和人民不断增长的移动通信服务需求

随着我国改革开放的不断深入和经济的不断向前高速发展，社会对通信的需求越来越大，服务要求也越来越高，尤其是室内网络质量服务。在这种形势下开展本项目成果应用，有利于通信运营商向用户提供更稳定、更高质量的服务，更好地满足社会和人民不断增长的移动通信服务需求，从而有效推动我国信息化事业的发展，为我国宏观经济效益的增长贡献力量。

②促进全社会通信服务水平的提高，推动通信市场健康、有序的发展

目前我国移动通信竞争日益激烈，竞争形式和竞争手段也趋于多样化，本项目成果应用可以提高移动公司的服务水平和质量，以服务质量和服务水平的提高提升运营商的市场竞争力，直接推动移动通信市场朝服务竞争、业务竞争的健康、有序方向发展。

③数智提效，通过对室内网络质量的实时监控和智能优化，让用户畅享移动通信美好生活

通过数智化手段实时监控分析定位室分故障，减少现场测试的无效劳动，符合国家提倡节能降耗要求；精准定位到故障位置和器件问题，减少隐蔽工程改造对工作生活环境的影响；及时发现室分隐性故障，及时优化整改，降低用户网络投诉，提升用户满意度，让用户畅享移动通信美好生活。

推广性：

该成果主要可以用于解决以下场景中的室分故障问题排查：

（1）现有室分小区故障为小区级，无法定位到小区局部区域。

（2）现有室分小区为多 RRU（遥控射频单元）共小区，无法准确反映 RRU 局部区域网络问题。

（3）室分故障无法精准定位到具体楼宇、楼层及楼层的具体方位上。在进行问题定位时需要耗费大量人力和仪器仪表进行现场定位测试，投入大、效率低。

（4）对于无法进入房间内测试的区域，无法测试到用户的信号情况和用户感知。

（5）现网的室分验收测试、日常室分测试仍然需要人工进行测试和定位，且需逐层测试整个室分小区覆盖的楼栋、楼层才能定位问题。

在室分故障排查的效率上，该成果能实现室内问题智能识别和室分故障智能定界定位，将室分小区级网络问题下沉到楼层及具体方位，自动发现并定位室分故障，无须人力和仪器仪表到现场进行逐层测试定位，提高室分优化维护工作效率，大大降低网络运维成本，带来室分质量的大规模提升，从而提升客户感知度和满意度。

4.6 基于无监督学习的异常检测 AI 模型 5G 质差小区识别能力——无线网络智能优化应用案例

科技创新和跨界融合逐渐成为全球经济复苏和增长的全新引擎，全球企业进一步加速采用 5G、AI、大数据、云计算等信息通信技术，加快数字化转型。全球运营商正在加快推进网络自动化、智能化建设。传统的网络能力和运营模式无法满足数字化转型的要求。为此某集团公司提出了“自智网络项目”，其目的是构建业界领先、端到端网络自动化、智能化的方法，帮助运营商简化业务部署，推动网络 Self-X 能力（自服务、自发放、自保障）全面提升。

本成果通过了 L4 认证[由人工训练诊断智能 AI 模型替代人工配置的识别规则，系统通过预测智能，实现基于场景化智能数据采集并进行跨域关联，质量问题的识别 / 预测（如指标自适应门槛、问题预测）及影响范围]，有效地支撑 5G 网络自动化、智能化建设。

成果创新点介绍：

1）首次实现搭建无监督学习异常检测模型识别 5G 质差小区

基于大数据平台的各类数据，包括 5G PM、CM、MR、投诉等，结合 5G 工参信息，通过搭建的无监督学习异常检测模型，开发出 5G 质差小区识别 AI 能力，最后通过上架集团九天网络智能化平台供全国使用。通过该功能，有助于各省更快更高效地识别 5G 质差小区。

5G 质差小区 AI 识别的具体应用流程如下：

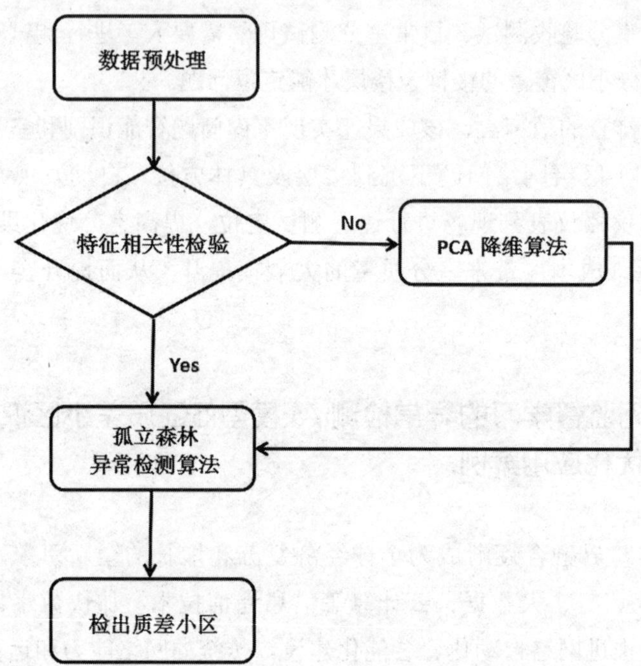

本流程完全采用无监督学习的方式，只需要输入相关数据，即可实现准确、高效地识别 5G 质差小区的功能。

2）首创基于皮尔逊相关系数矩阵的特征相关性分析

根据 5G 质差小区 AI 识别流程，运用皮尔逊相关分析对数据进行特征相关性分析。相关性分析是一种测量定量数据之间的关系情况的分析方法，可以分析变量间的关系情况以及关系强弱程度等。如：身高和体重的相关性；降水量与河流水位的相关性；工作压力与心理健康的相关性等。也可分析可能引起 5G 小区质差的可能原因，通过大数据平台采集相关的数据，得到多维特征。通过该功能可以快速地分析出多类型的数据是否存在特性相关性。

使用皮尔逊相关分析时，需要考虑 5 个假设。

假设 1：两个变量都是连续变量。

假设 2：两个连续变量应当是配对的，即来源于同一个个体。

假设 3：两个连续变量之间存在线性关系，通常做散点图检验该假设。

假设 4：两个变量均没有明显的异常值。皮尔逊相关系数易受异常值影响。

假设 5：两个变量符合双变量正态分布。

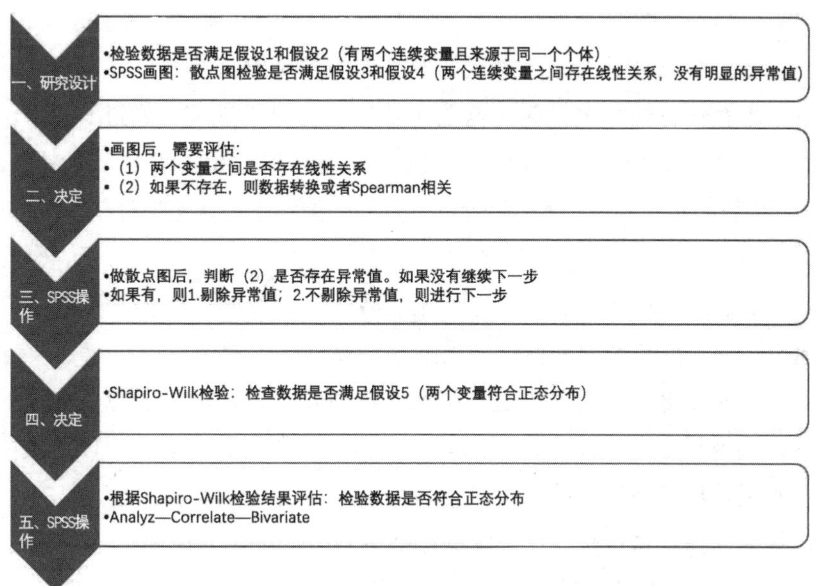

一、研究设计
•检验数据是否满足假设1和假设2（有两个连续变量且来源于同一个个体）
•SPSS画图：散点图检验是否满足假设3和假设4（两个连续变量之间存在线性关系，没有明显的异常值）
二、决定
•画图后，需要评估：
•（1）两个变量之间是否存在线性关系
•（2）如果不存在，则数据转换或者Spearman相关
三、SPSS操作
•做散点图后，判断（2）是否存在异常值。如果没有继续下一步
•如果有，则1.剔除异常值；2.不剔除异常值，则进行下一步
四、决定
•Shapiro-Wilk检验：检查数据是否满足假设5（两个变量符合正态分布）
五、SPSS操作
•根据Shapiro-Wilk检验结果评估：检验数据是否符合正态分布
•Analyz—Correlate—Bivariate

通过皮尔逊相关系数矩阵，可以发现这些特征之间是否存在一定的关联关系。

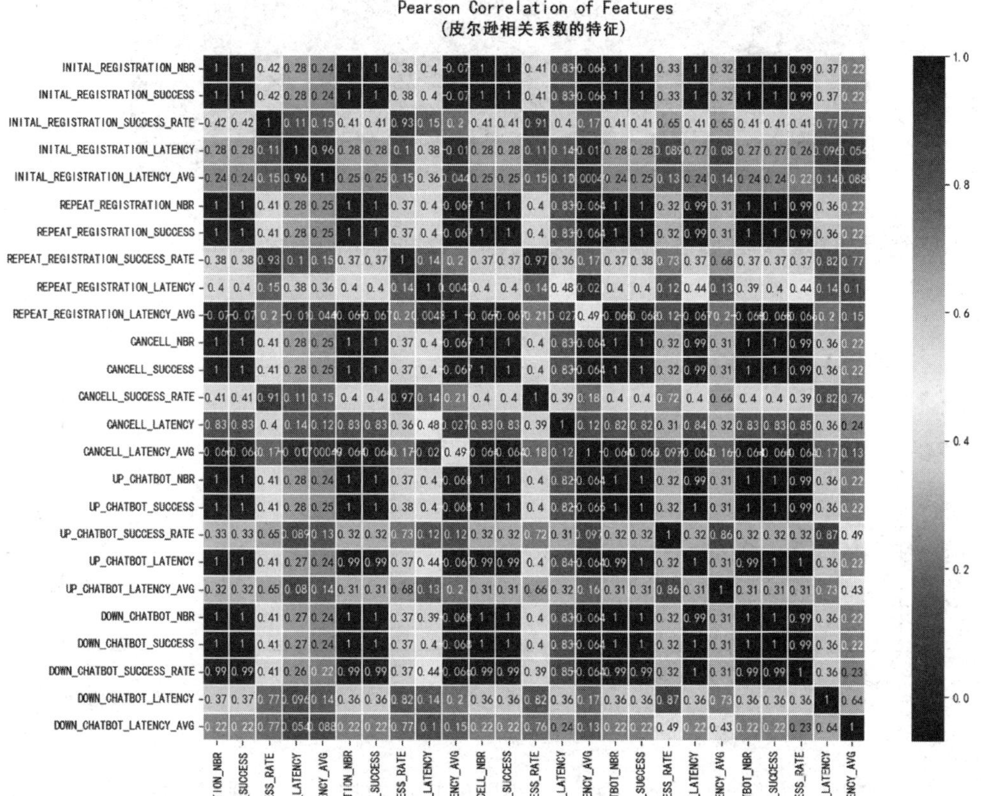

上图中，相关系数取值在 0 ～ 1，越接近于 1，表明相关程度越高。

3）创新性 PCA（主成分分析）无监督学习数据降维处理

当数据不存在特性相关性时，需要对数据进行降维处理。通过 PCA 算法可以有效地减少冗余和剔除噪声，它将原始 n 维特征映射到 k 维空间上，其中 $k<n$，其中 k 是指一个全新的正交特征，所得新特征仍显著地保留原始数据的有效信息。

优点：

（1）PCA 算法是无监督学习，完全无参数限制。在 PCA 的计算过程中完全不需要人为地设定参数或是根据任何经验模型对计算进行干预。

（2）用 PCA 技术可以对数据进行降维，同时对新求出的“主元”向量的重要性进行排序，根据需要取前面最重要的部分，将后面的维数省去，可以达到降维从而简化模型或是对数据进行压缩的效果。同时最大限度地保持了原有数据的信息。

（3）各主成分之间正交，可消除原始数据成分间的相互影响。

利用 PCA，可将源数据降至 3 维（第 1 维权重：0.698；第 2 维权重：0.286；第 3 维权重：0.016），基本就能准确表征该数据集。

```
输出前n个主成分所能够反映的数据的特征权重：
 ['69.8%', '28.6%', '1.6%', '0.0%', '0.0%', '0.0%
输出前n个主成分所能够反映的数据的累加贡献率：
 ['69.8%', '98.4%', '100.0%', '100.0%', '100.0%',
满足能够反映原始数据比重为99.5% 时的最低维度：
```

降维后的数据分布如下图所示（绝大部分数据位于圆圈内）。

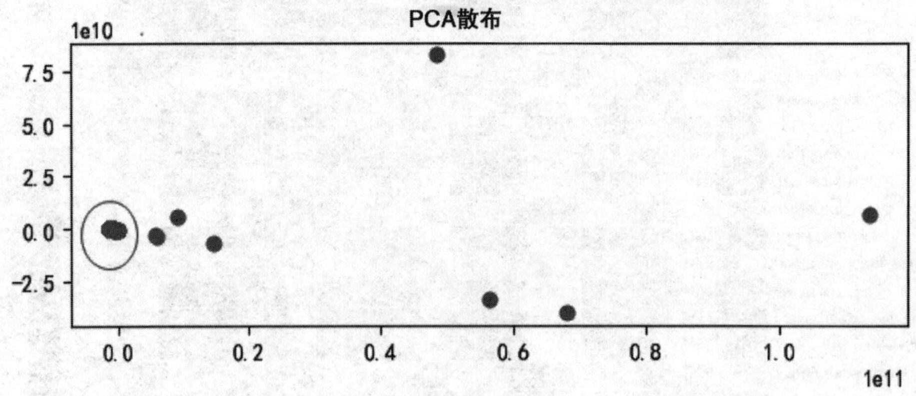

从分布上可以明显地看到，大部分小区的特征数据集中于圆圈之内，仅有少数

几个小区的特征数据孤立地分布在圆圈之外。

4）创新实现了基于孤立森林模型的异常检测功能

孤立森林算法是一种无监督自动发现的 AI 算法，它的理论基础主要基于：

（1）异常数据占总样本量的比例很小。

（2）异常点的特征值与正常点的差异很大。

5G 质差小区的识别满足这两点要求，因而适合应用此算法。

孤立森林算法采用二叉树对数据进行分裂，样本选取、特征选取、分裂点选取都采用随机化的方式，如果某个样本是异常值，则可能仅需很少次数就可以切分出来。

我们可以应用孤立森林模型来检测这些异常孤立点。

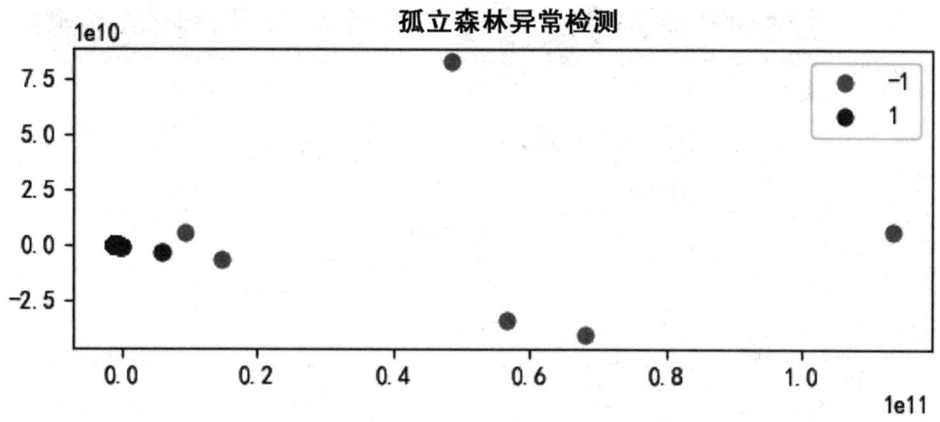

如图，异常孤立点对应的小区即为 AI 识别的可能是 5G 质差小区。

经人工进一步核查，所找出的几个小区，除一个被判定为正常小区外，其余均是质差小区，准确率达到 95%，较好地实现了 AI 智能识别质差小区的功能。

成果实用性：

（1）传统的网络能力和运营模式无法满足数字化转型的要求，在集团的“自智网络项目”规划中，为了更好地支撑网络质量优化向 AI 演进提升，开发 AI 能力模型是非常急需的、迫切的。

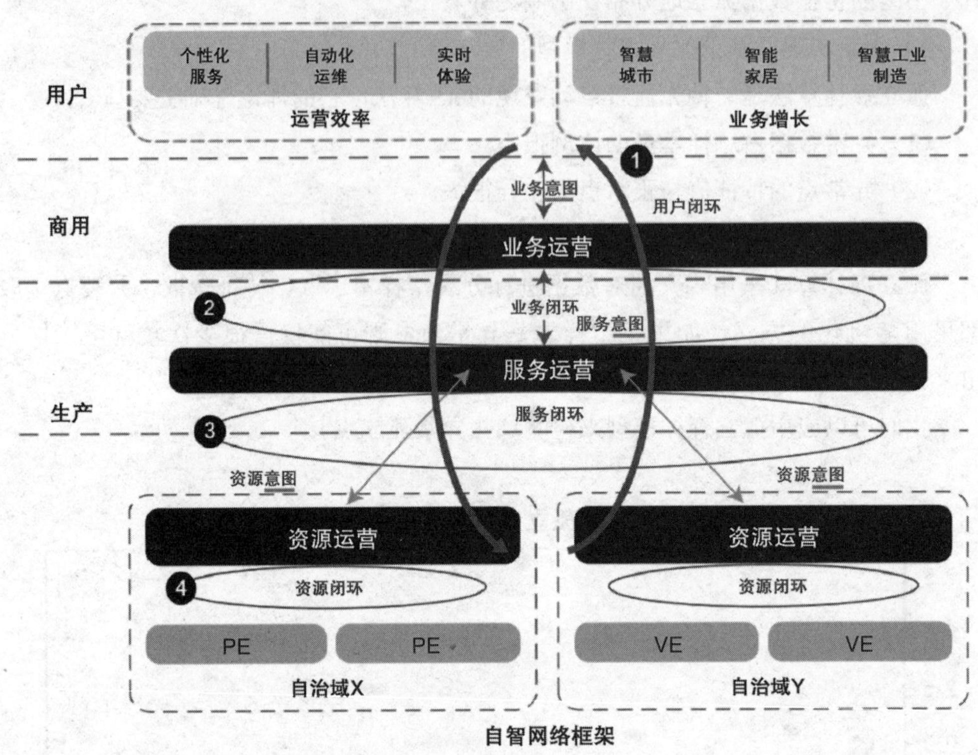

自智网络框架

（2）全球运营商正在加快推进网络自动化、智能化建设，并期望借助网络转型抓住大颗粒的商业机会，最典型的就是 5G ToB、云网融合，以及由此延伸出的智慧城市、工业互联网、智慧医疗、智慧教育、智慧农业及其他垂直行业的智能化业务和应用。新场景、新业务和新客户不仅对“可用性、带宽、时延、可靠性”等网络性能提出倍增要求，更期望获得“在线自助订购、按需分钟级开通、差异化确定性 SLA 保障、数据安全的专属网络、预防性维护

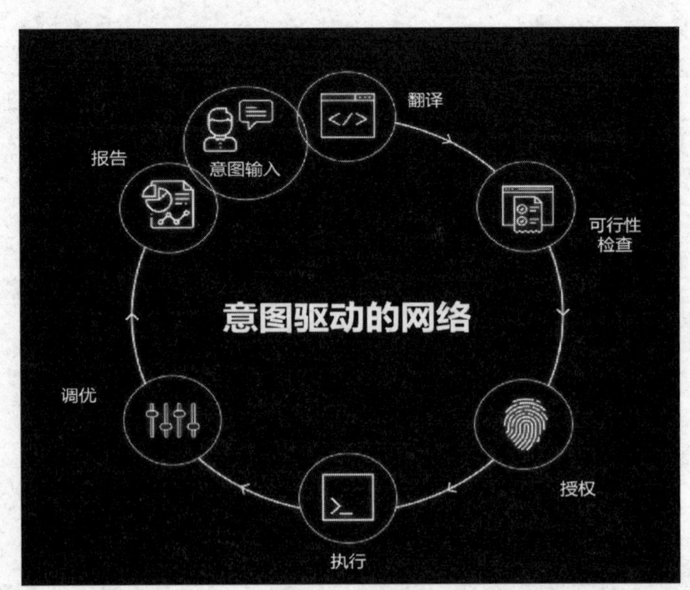

和极简可视管理”等全新网络特性。开发与5G、AI相关的能力模型显得尤为重要。

4.7 无线网络满意度智能分析应用案例

移动互联网的迅速发展和普及，彻底改变了客户的使用习惯，客户对网络的要求也越来越高，不仅要求接通快、速度快、质量好，而且需求每时每刻、随时随地都存在。客户的期望与使用感受之间的差异，直接决定了客户对网络好坏的感知，这种感知会逐渐形成产品口碑。

1）该成果主要基于的技术手段、方法或模型

从“提升网络能力、建立主动修复体系、落实日常看管制度”3个维度打造基于客户感知画像的满意度看管体系。

（1）提升网络能力：通过5G工程建设、4G高负荷压降、低效整治和资源挖潜等专项提升网络能力。

（2）搭建主动修复体系：协同客体部，按月对全量X客户开展画像，输出贬损客户，遵照“先处理，后回访”的原则，在尽量不打扰客户的情况下，先处理网络问题，提升修复质量和效率。

（3）落实日常看管制度：根据“X”行动目标客户清单，分公司建立市、县协同看管模式，确保X客户100%专人看管，网络问题100%及时响应和解决。

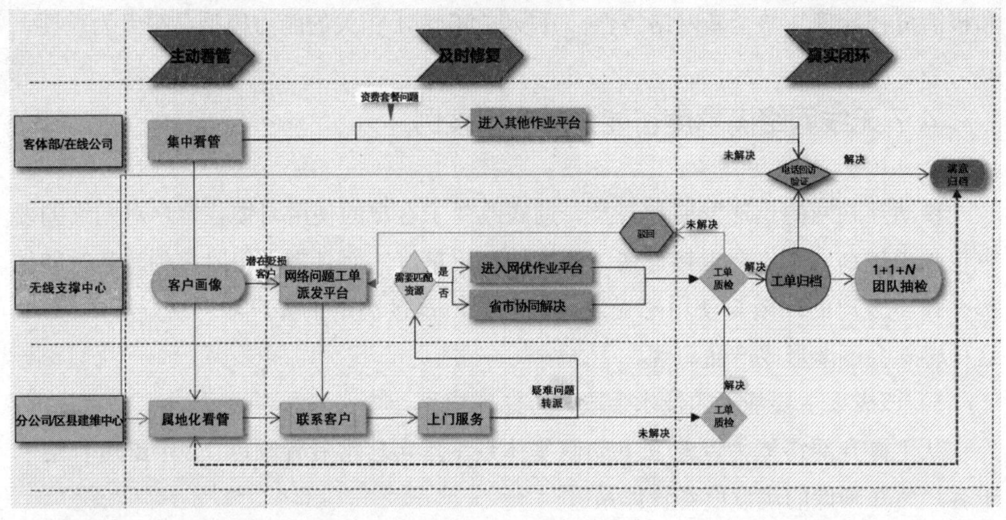

2）该成果主要技术特点与优势

（1）建立主动关怀修复体系：该成果依托“规建维优”专项优化平台，基于大量的 XDR（扩展检测与响应）用户面、XDR 信令面数据，O 域网管数据、B 域客户数据、投诉工单，建立了潜在低感知客户模型：根据需求对提供的客户进行低感知预测，将预测结果中的潜在低感知客户纳入客户修复体系，协同客户部，按月对全量 X 客户开展画像，输出贬损客户，遵照“先处理，后回访”的原则，在尽量不打扰客户的情况下，先处理网络问题，提升修复质量和效率，进行客户感知修复，提升客户满意度。

（2）建立投诉及时响应管控机制：该成果依托集中投诉处理平台，从投诉受理 / 处理、验证、黑点跟踪等环节，将 X 行动目标客户，提升为 VVIP 优先级，安排专人跟踪、督办，确保 VVIP 客户投诉问题能及时、有效解决。

（3）建立专人看管机制：根据“X”行动目标客户清单，分公司建立市、县协同看管模式，确保 X 客户 100% 专人看管，网络问题 100% 及时响应和解决。

3）该成果主功能、最大亮点与价值

使用该体系后通过 X 行动属地化看管，全省共发现客户无线网络问题 1 524 个；开展客户画像，通过客户的信令分析客户的常驻小区及异常事件 TOP3 小区，先于客户发现网络问题。截至 2022 年 8 月 22 日，全省共识别出 6 587 个高、中、低优先级问题小区，解决 2378 个问题，客户网络问题整体解决率由 18.24%（第一期）提升至 36.10%（第三期）；X 行动客户累计产生投诉 39 件，目前已解决 30 件，解决率为 76.92%。

4）该成果在本单位内或外部应用情况

本成果基于客户感知画像的满意度看管体系，在省内得到领导高度认可，无论是客户感知修复，还是分公司属地化看管上都取得了瞩目的成绩，后经省市协同大力向全省推广。一季度工信部电话调查领先度 1.75，全国排名第二；上半年用后即评调查改善值 3.99，达到挑战值。

本成果在提高工作效率、降本增效、减少投入等方面符合全社会节能减排的理念，有助于提升中国移动高科技环保企业形象。

该成果从“提升网络能力、建立主动修复体系、落实日常看管制度”3 个维度打造基于客户感知画像的满意度看管体系。

详细技术如下。

1）主动修复体系

（1）修复流程。按月输出 X 行动客户画像，由“1+1+*N*”团队派发 X 行动客户网络问题小区工单到分公司进行问题处理，工单归档后“1+1+*N*”团队进行抽检验证，客体部进行回访验证。

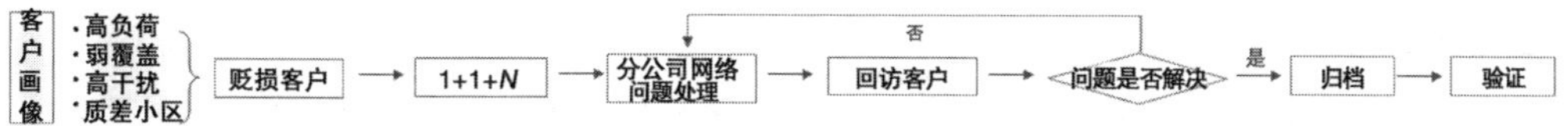

（2）处理关键点。

①客户首联

沟通话术：网络问题处理后，从服务切入的角度回访客户，收集客户的情况，确认问题是否解决。

规定动作：如恢复，邀请 10 分好评；如未恢复，指导客户自行排障，如仍未解决，记录现象 / 地址 / 问题。详细记录清楚关键信息（如故障地址）、避免休息时间或夜间打扰客户。

②现场处理

沟通话术：如网络有问题，针对客户是否愿意沟通、是否提供地址等场景，制定了 9 套沟通话术。

规定动作：预约 / 准备 / 测试 / 方案 / 解决，非无线问题，做好横向流转。规范着装、注意仪容仪表、保持个人卫生、入室穿好鞋套。

③回访确认

沟通话术：针对问题已恢复 / 暂时不能解决的，分别制定与客户沟通的话术 13 套。

规定动作：已恢复，邀请 10 分好评，未处理，做好解释沟通。短期无法解决，如实告知后续计划，不做虚假承诺，开展定期关怀修复。

（3）工作要求。

①省公司按月度开展 X 行动画像，及贬损客户清单输出，通过“1+1+*N*”体系派发修复工单和效果验证。

②分公司安排专人按日按单跟踪 X 客户修复处理情况；修复过程中发现 X 客户有家宽或资费类问题时，建立内部协同机制，确保客户诉求得到及时解决。

2）投诉及时响应管控机制

从投诉受理 / 处理、验证、黑点跟踪等环节，将 X 行动目标客户，提升为 VVIP 优先级，安排专人跟踪、督办，确保 VVIP（贵宾）客户投诉问题能及时、有效解决。

（1）投诉处理。省公司匹配目标客户清单，识别目标客户投诉工单，针对目标客户投诉专人全程跟踪督办；分公司加快投诉响应，接单 2 小时内通过 IVR（交互式语音应答）联系客户；远程处理不满意的，需现场处理，并通过 App 留痕。

（2）投诉闭环。省公司对全量投诉工单进行人工质检，对联系客户进行录音，对工单处理过程进行检查。

分公司确保问题真实处理闭环，在工单回复前自检，对回单内容、规范性、真实性及客户认可情况进行检查，提升投诉处理质量。

各环节流转规则

当前环节	操作 / 触发条件	流转环节
前移	网络人员将网络黑点库、告警等信息形成口径前移给在线公司受话环节，在线人员根据获取的回复口径进行答复，及时、高效、准确地为用户解释，一定程度上安抚用户，提升客户满意度	投诉受理
投诉受理	承接省在线公司派发网络质量类无线侧原因导致的 EOMS（电子运维系统）投诉工单，核实投诉工单是否为无线网优侧工单，非无线网优侧问题，该工单可直接报结或退回	结束或预处理

续表

当前环节	操作 / 触发条件	流转环节
预处理	对于工单内容反映为无线侧问题的，如覆盖、故障、干扰、参数、资源、不确定性问题等，输出预处理方案，根据需要确定是否流转至现场测试	现场测试、方案实施期限评估
现场测试	按照投诉工单及测试要求完成数据采集	方案制定
方案制定	制定网络故障类、射频调整、新建站、参数调整等解决方案，对无法确定问题的工单，现场测试采集数据后进行方案制定；针对 EOMS 时限内无法解决的问题形成回单口径；对客户解释安抚；针对需长期解决的问题录入网络黑点库；EOMS（企业邮局系统）时限内无法解决的工单在此环节提交结单	方案实施
方案实施	根据分析方案，分类触发至各流程实施；EOMS 时限内解决的工单在此环节提交结单	质量评估
质检评估	按照投诉工单及测试要求完成数据采集，用于质检验证问题是否解决	结束
	对投诉工单因未解决情况审核不通过，且无重复投诉新工单，则驳回预处理环节	预处理
	对投诉工单处理情况进行审核并归档	结束

（3）问题后跟踪。省公司定期跟踪目标客户投诉黑点问题，问题出库校验；分公司针对短期无法解决类问题，需纳入投诉黑点跟踪，定期反馈解决进展。

（4）工作要求。提高响应及时率，接到工单 2 小时内 100% 通过 IVR 联系客户，2 小时内联系比例 100%，确保当日投诉日清日结。

加强投诉处理质量，远程处理不满意的，需 100% 现场处理，让投诉处理满意度达 100%。

3）属地化专人看管机制

根据“X”行动目标客户清单，分公司建立市、县协同看管模式。

		工具	输出	时间要求
1	建档	档案模版	· “一人一表”，建立客户档案清单	收到市公司派单后，1个工作日内完成
2	画像	标签画像	· 单一类预判可解决问题清单，直接派服务中心 · 综合类问题清单，协调专业口提前准备、提供支撑	建档后1个工作日内完成分析
3	派单	全息系统	· 根据客户归属，派单到服务中心或客户经理	分析沟通后，1个工作日内完成派单
4	上浮	快文	· 建立上浮工单，参考投诉上浮管理办法执行	收到反馈后的5个工作日内完成派单
5	质检	录音/抽查	· 修复情况报告、质检情况报告，包括修复录音、上门水印照片、修复归档后的外呼抽查	修复归档后2个工作日内完成质检

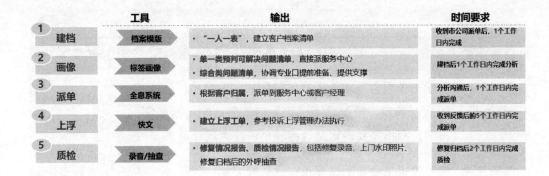

（1）划分规则。①以归属地为准：每个号码均以归属地为准，归属地是第一责任人。②省市漫游：针对省内漫游客户，归属分公司作为责任主体，常驻分公司做好配合，确保客户诉求得到及时响应。③省际漫游：派发省际协查单，其中：5G 网络问题联系省公司网管中心，4G 网络问题联系在线公司。

（2）看管动作。①节假日问候：每逢国家法定节假日（例如：中秋、国庆、元旦节等），提前 1 天给 X 客户发送关怀短信，增进客情关系。②定期关怀：建议结合分公司各专业统筹安排，每个季度安排看管人员对 X 客户进行一次电话回访，了解客户手机使用的问题，参考《看管指导手册》及时解决网络问题，并留存台账。③修复关怀：针对看管过程中发现有网络问题的客户，按不同原因，协同不同专业开展修复；针对表示网络良好的高分客户，以合理方式邀请客户进行高分评价。

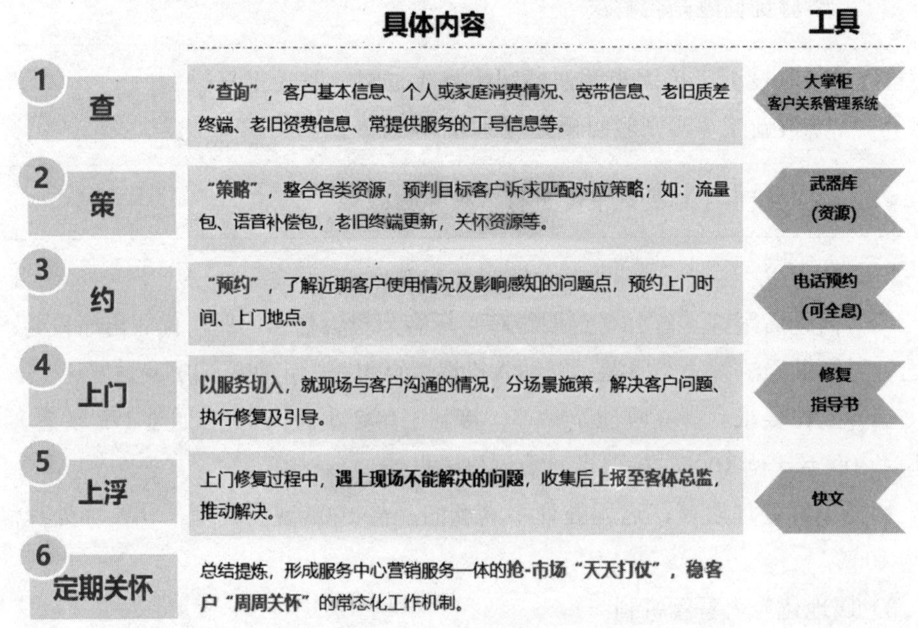

（3）预约客户关键点。

①自报家门，可以服务中心名义、可以客户熟悉的营业厅名义……

②了解客户的使用感知，如：给您打电话，主要是想了解一下您近期使用上有没有什么问题？

③若客户有问题，预约时间、上门处理。

④若客户表示暂时没问题，以网络测试、宽带测试等争取上门机会。

⑤若客户表示不需要，向客户表示感谢，赠送关怀资源，并留下联系方式，让客户以后有问题联系自己。

⑥引导客户给予 10 分好评。如：也希望您以后继续支持移动公司，接到调查电话请为我们打 10 分。

（4）上门拜访关键点。

①务必在预约好的时间内上门。

②务必以服务切入，以解决客户问题为目的。

③从单个客户切入，解决一个家庭的问题。

④修复引导后，客户从不满意到愿意好评，可赠送关怀资源，如：感谢您的认可，希望您以后继续支持移动公司，接到调查电话请为我们打 10 分。

（5）资源保障。根据不满客户类型，匹配对应修复资源，确保客户问题能进一步解决。

①客户关怀资源。

20 元话费：评价为 9 分及以上客户或低分修复过程中的意向好评客户。

50 元话费：典型案例，一事一案，审批赠送。

2G 流量 +50 分钟：修复中，可叠加赠送一次性流量 / 通话时长。

流程：区县客体收集后，报市客体管理员牵头批量赠送（当日收集次日送）。

②老旧设备更换资源。

免费换光猫 / 机顶盒：目标库标记客户，参照装维换机流程。

挂包路由器 / 看家宝：暑促活动—全家享权益包政策，参照现有活动流程执行。

免费换老旧路由器：目标库标记客户，参照质差 Wi-Fi 换机流程。

成果实用性：本成果从“提升网络能力、建立主动修复体系、落实日常看管制度”3 个维度打造基于客户感知画像的满意度看管体系。建立了完善的省市协同客户满意度看管机制。分语音、视频、网页浏览、即时通信、游戏五个方面开发了 30+ 个指标，建立了完善的客户潜在低感知评估方法。

（1）建立了贬损客户模型，提供了客户画像理论依据。该成果基于大量 XDR

（扩展检测与响应）数据，O 域网管数据、B 域市场数据、KQI（关键质量指标），建立了贬损客户模型，根据模型建立理论依据，为解决客户网络问题，充分地提供了具有建设性的、积极性的指导意见，对全省的 VoNR（5G 时代超清视话应用）优化工作开展，指明了思路和方向。

（2）建立了主动关怀修复体系。该成果依托省网业协同度平台、规建维优性能平台，建立了贬损客户主动关怀修复体系，弥补省内分析手段和流程的缺失。从故障、覆盖、容量、干扰等四大关键指标出发，结合大量客户级 KQI 性能数据，根据信令分析经验探索精准定界定位方法和步骤，系统化总结归纳方法论，为精准快速定位问题提供支撑手段。

（3）建立了投诉及时响应管控机制。该成果依托集中投诉处理平台，匹配 X 行动客户，识别目标客户投诉工单，从投诉受理 / 处理、验证、黑点跟踪等环节，将 X 行动目标客户提升为 VVIP 优先级，安排专人跟踪、督办，确保 VVIP 客户投诉问题能及时、有效解决。

（4）建立了专人看管机制。该成果依托 X 行动省市协同专项团队，根据 X 行动目标客户清单，分公司建立市县协同看管模式，确保 X 客户 100% 专人看管，网络问题 100% 及时响应和解决。每个号码均以归属地为准，归属地是第一责任人。针对省内漫游客户，归属分公司作为责任主体，常驻分公司做好配合，确保客户诉求得到及时响应。

成果效益性：

（1）提高效率。该体系从“提升网络能力、建立主动修复体系、落实日常看管制度”3 个维度打造基于客户感知画像的满意度看管体系。

工作职责：客户体验管理部归口全省满意度管理工作，负责对接集团总部，报送工信部测试号码，制定全省满意度考核办法，组织开展低感知客户摸底和验证工作。

网络部归口全省网络满意度管理工作，制定全省满意度评优管理办法，负责网络满意度提升和跨部门协同工作。

无线网络支撑中心负责移动网络满意度质量提升，包括开展短板分析、针对性举措制定、验证闭环等工作，协助客体部编制外呼脚本，支撑分公司处理疑难网络问题和 IT 工具开发等。

中移在线根据客体部外呼脚本，负责目标号码的外呼，输出外呼结果，协助对已修复客户进行电话回访验证。

分公司依据全省满意度考核办法及相关规定、要求，制定分公司满意度提升指导手册，明确本地各部门满意度提升职责、低分客户处理流程及要求，确保低感知客户处理质量；完善本地低感知区域或客户监控、分析、预警、处置、认责等闭环管理机制，对目标号码按分局进行细化看管。

详细的组织架构和工作流程，从客户问题画像、质差小区问题派单、属地化看管流程上都给了指导方向，同时也缩短了分析和处理问题的时间，大大提升了工作效率。

（2）经济效益。通过运用客户感知画像的满意度看管体系，实现年经济效益 7391 万元，用户感知大幅提升，有效地巩固了移动品牌领先地位。

工单智能调度管理：提升网络质量，增加业务收益，工单闭环后流量增加 2324GB（提升幅度 5.65%），话务量增加 168ERL（提升幅度 4.01%），按照流量 2 元 /GB、话务量 9 元 /ERL 计算，可增加业务收益 6215 万元 / 年。

质量提升挽留客户管理：日均减少投诉 490 件，按投诉客户离网率 7% 测算，全年挽留客户 1.26 万人，挽留离网客户带来收益为 756 万元。

客户感知画像：节约人工成本，减少高端需求 4 人，减少中端需求 10 人，减少人工分析、数据管理工作，按照高端 30 万元 /（人·年）计算，中端 10 万元 /（人·年）计算，节约人力成本 420 万元 / 年。

（3）社会效益。课题开展后应用场景优化，有效地解决了低感知客户网络问题，指导资源精准投放，解决低感知客户网络问题 2378 个，改善 2874 个客户感知，低感知客户网络问题解决率由 18.24% 提升至 36.10%，提升 17.86 个百分点，日均减少投诉 490 件。用户感知大幅提升，有效巩固移动品牌领先地位。

4.8 基于低感知客户挖掘及修复的智能管理体系案例

某省网络指标集团排名前列，但客户满意度全国排名靠后，如何让客户满意？如何支撑市场？如何解决客户感知难评估、智能化手段不足、处理环节流转受限、工单处理难闭环、资源受限难聚焦等诸多痛点？这些均是网络工作面临的严峻挑战，我们建立了以客户为中心，构建客户感知动态画像智能分析管理模型，依托智慧中台实现核心问题识别与预处理，采用自下而上和自上而下相结合的病例化流程管理，修复病例区域，治愈病例客户，发挥网络效能，做到“让客户满意、让市场放心”。

技术手段与模型，建立感知模型，让客户体验关联满意度、网络 KQI、网络 KPI 等多维数据；应用随机森林、皮尔逊、K-means 等大数据算法，建立不满意客户、不满意小区、不满意区域分析模型；依托智慧中台分层映射、感知库筛选，优先级排序输出高口碑、高价值低感知区域，优先匹配资源支撑分公司处理。

传统方案弊端：①网络指标没有与用户投诉、满意度关联，无法全面反馈个体客户的感知好坏；②投诉工单和规建维优系统不能流转、分公司不能向省公司流转、不同部门（如网优、网管）之间工单不能相互流转，导致工单处理效率低，跟踪督办难；③归档环节没有进行真实闭环把控，每个环节都没有真正起到作用。传统工单对单点问题以周粒度派发，未对问题细分，无法实现精准定位，问题复发率较高且闭环周期长，传统单点问题处理时长为 6.97 工时；④资源规模受限，无法对问题点聚类，把有限的资源按问题重要性进行聚焦，室分 / 微站点位较先进省份低 15%，人工分析效率低，周期长（40 人 / 天），闭环不足问题反复；ATU（一种路测工具）等多种测试数据依靠人工收集，智能分析手段有待提升，问题单点管理，无入库分析。

主要功能和亮点：病例智能管理体系，面向客户体验，关联满意度、网络 KQI、网络 KPI 等多维数据，避免传统方案弊端，创新、有效地提升目标区域用户满意度。

成果应用：基于低感知客户挖掘及修复的智能管理体系，累计完成全省城区网格、高铁、高速、地铁、交通枢纽、底商、美食街等场景 286 轮测试数据处理，累计派发 30 期，共 35608 个质差问题，问题闭环率 94.59%，投诉总量较上年降低 23.36%，百万客户重复投诉量降低 30.78%，有效提升目标区域用户满意度，实现年经济效益 6606.37 万元。

技术方案：

（1）搭建面向客户感知建模的管理体系。面向客户体验，关联满意度、网络 KQI、网络 KPI 等多维数据，应用随机森林、皮尔逊、K-means 等大数据算法，建立不满意客户、不满意小区、不满意区域分析模型。

要素识别：①不满意客户建模，精准聚焦高投诉、高运转、低满意问题区域；②精简指标，根据 KQI 感知模型，关注客户感知强相关 15 项无线指标；③强调结构优化、区域最优，避免拆东墙补西墙。

（2）搭建智慧中台，实现智能分析与预处理。结合低感知客户库和低感知区域，依托智慧中台分层映射、感知库筛选、优先级排序输出高口碑、高价值低感知区域，优先匹配资源支撑分公司处理。

要素识别：①分层映射，将全量问题按照层 4 客户感知问题、层 3 端到端感知问题、层 2 无线指标问题、层 1 基础网络问题进行分类，按照逐级汇聚的原则进行问题汇聚。②感知库筛选，感知类问题和无线类问题同时存在的类型，纳入感知问题库。③优先级排序，结合问题恶化程度、问题发生频次、问题汇聚个数、小区业务量、投诉等综合排序，按周粒度筛选地 TOP1500。

（3）病例客户高效治愈。

①优化完善自上而下的投诉管控流程和自下而上的问题支撑流程，强化省公司的集中处理、质检能力，匹配资源，赋能培训，提升分公司投诉处理效率，确保投诉真实有效闭环。

②倾听客户声音，推动服务流程改进，建立“轮值裁判”机制，疑难问题实施上浮管理，问题闭环引入信令验证，多举措强化管理能力，确保问题真实有效闭环，防止问题反复。

③通过“六大举措”深层次激发生产活力，促进需求的快速响应与解决，构建“无线倒三角”服务支撑系统，实现“流程直达一线、资源直达一线、数据直达一线、能力直达一线”。

④依托智慧中台，打造长中短病例化管理流程，重点围绕长期攻坚库（7类14500个问题，作为专题任务工单）、中期质差库（1500个/周，作为日常优化工单）、实时响应库（网络投诉及口碑场景突发问题，作为网优实时工单），分类进行资源投入。

（4）市网协同提升客户感知，助力市场营销。搭建关怀短信发送体系，精确地引导市场开展优势区域宣传，建立多维度市网协同感知提升体系，支撑市场“打粮食”。

要素识别：①编制支撑手册，提升移动口碑，编制客户操作指南和10分满意宣传文案，提升客户上网和语音体验，树立移动网络良好口碑。助力市场2G升4G、4G升5G。②开展终端网络协同分析，支撑5G客户迁转，5G终端与物业点关联分析，梳理5G覆盖差但5G终端多的物业点，协助分公司集中资源进行解决。③搭建主动关怀平台，提升客户感知，常态化客户关怀，梳理11类场景并制定对应关怀模板，搭建短信主动关怀系统。④开展优势区域宣传，支撑分公司“打粮食”，编制4G/5G网络优势及终端问题自排障等宣传画册，宣传4G优势区域14613个，5G优势区域291个。

实用性。基于低感知客户挖掘及修复的智能管理体系，累计完成全省城区网格、高铁、高速公路、地铁、交通枢纽、底商、美食街等场景286轮测试数据处理，有效提升目标区域用户满意度。基于业务算法重构，制定7类4G问题和1类5G问题生成规则和问题闭环规则，基于问题生成规则，累计识别问题病例44685个，通过分级管控完成高价值病例入库11969个，累计派发30期，共35608个质差问题，问题闭环率94.59%。基于该体系对主城区网格测试数据进行解析，按照“复发或频发次数大于等于3次且影响问题路段长度大于50米”规则识别非偶发质差道路442条，生成问题点1318个，并纳入2020年满意度协同攻坚。自动路测病例管理体系对全省79个主城区网格和155个区县网格测试数据进行解析，共输出问题点7121个，识别出偶发问题5020个，复发问题833个，频发问题1268个。自专项行动开展以来，网络指标提升显著，投诉压降明显。通过多轮数据迭代分析，38个网格弱覆盖道路全量需求619个，按照NR（用于实现5G通信的基础标准）需求梳理规则，共有357个弱覆盖需求同时满足条件，需纳入规划需求。集中分析管理系统开发“无线倒三角”支撑功能后，共有10个支局请求倒三角支撑，涉及42个诉求，通过该管理体系反向支撑，生成42个精细化解决方案提供至一线支局现场处理，截至目前已完成全量投诉闭环。

效益性。依托动态画像模块，对全网客户开展满意度画像，每月输出100万潜在不满意客户清单。指导分公司开展修复，抽查6000余位客户修复前后得分，依托关怀模块，细分新开站、汛期、市政拆迁、停电等11个场景，主动精细开展关怀工作，截至7月底，累计发送7000万条关怀短信。该成果目前已在各分公司落地使用，通过运用基于低感知客户挖掘及修复的智能管理体系，实现年经济效益6606.37万元，用户感知大幅提升，有效地巩固了移动品牌的领先地位。

社会效益。课题开展后应用场景优化，有效挖掘问题病例，指导资源精准投放，5G集团精品网格达标数由年初1个提升至30个，4G网格LTE（长期演进技术）综合覆盖率由98.41%提升至98.76%，提升0.35个百分点，VOLTE（高清语音）全程覆盖率由97.37%提升至100%，提升3.63个百分点，日均减少投诉981起。用户感知大幅提升，有效地巩固了移动品牌的领先地位。

经济效益。工单智能调度管理：提升网络质量，增加业务收益，工单闭环后流量增加1162GB（提升幅度3.71%），话务量增加268爱尔兰（提升幅度14.08%），按照流量3元/GB、话务量9元/爱尔兰计算，可增加业务收益4832.5万元/年。质量提升挽留客户管理：日均减少投诉981件，按投诉客户离网率7%测算，全年挽留客户2.51万人，挽留离网客户带来收益为1503.87万元。感知&自动路测病例管理：节约人工成本，减少中端需求25人，减少人工分析、数据管理工作，按照中端10.8万/（人·年）计算，节约人力成本270万元/年。

该技术构建客户感知动态画像智能分析管理模型，依托智慧中台实现核心问题识别与预处理，采用自下而上和自上而下相结合的病例化流程管理，修复病例区域，治愈病例客户，发挥网络效能，做到“让客户满意、让市场放心”。该系统搭建环境和要求如下：需要抓取客户XDR信令、话单，需要构建基于厂家北向数据的大数据查询体系等，需要开发基于机器学习的客户感知动态画像智能分析管理平台。本单位给予的支撑经济上有客户感知动态画像智能分析平台项目和大数据平台项目，工作上平台厂家和设备厂家分别给予了算法、技术支撑。

4.9 无线网络数据智能展示应用案例

3D 全景地图被大家称为 360° 全景地图、全景环视地图，是顺应人们对数据地理化、可视化、实景化呈现的需求而发展起来的技术领域，也是当前社会信息技术发展的热点方向。3D 全景地图其本质是基于现有 2D 地图（二维平面地图），融入地形地貌数据，楼宇高度信息等数据形成的真实环境效果的三维立体地图，用户可以拖动地图浏览不同角度的真实物体。同时后期也可以进一步通过专业相机捕捉任意场景的图像信息，后期使用软件进行拼接，然后再用专门的播放器进行播放，把平面图片模拟成为更加真实更加全面的三维立体环境。在通常情况下，3D 全景地图的优势通常体现在：

更具体的视觉体验。传统的平面地图视角单一，不能给观赏者带来更加真实具体的感受，而全景地图使用者了解到的场景更加全面、更加真实具体，可以提供跟真实场景接近或者一模一样的体验。

更强烈的互动体验。可以根据使用者的操控任意地观察每一个角度的场景，仿佛身临其境，这一点和三维动画不同，三维动画缺少互动性。

结合公司的实际生产应用需求，3D 全景地图平台的主要功能和优势有：

1）准实景地理信息呈现

平台以现有地图数据为基础，依托数字高程技术和开源 GIS 引擎，并融入公网开源的地形地貌数据，提供省内地形地貌和楼宇的三维准实景展示，可以有效解决目前远程网络生产作业中二维平面地图对数据无法立体呈现、分析和管理的不足，大大提升远程生产作业的准确性和有效性。

2）立体化设备数据展示

平台提供室内网络设备按楼宇、楼层进行分层布放、展示和管理功能，可以有效解决当前网络设备只能按照经纬度在平面地图进行堆叠呈现的难题（例如在现有二维地图上无法展示不同楼层的设备和设备间的网络结构等），从根本上解决现有网络设备无法进行立体呈现和管理的难题，大大提升设备日常管理和维护的精准性和及时性。

3）全景式数据精细管理

平台提供与真实环境更为接近的三维立体数据展示能力，可以将真实环境数据进行直接的映射展示，进一步提升网络、市场、客户等数据的精细化管理能力（例如，在现有二维地图上数据的最小呈现粒度一般到居民小区和楼栋，而该平台可以将数据进一步细化管理到楼层、到每户）。

4）沉浸式时空地理沙盘

平台提供三维准实景展示能力，可以作为网络规划建设、市场营销作战、一线应急抢险等的 360°全方位地理沙盘。即通过具体、可视和真实的三维地图模型，可以方便地进行各种数据、方案和行动的事前推演、事中监控和事后复盘。

5）新技术演进承载平台

平台的三维地理信息和数据展示能力不仅可以有效解决现有数据在三维立体呈现、分析和管理能力等方面存在的问题，更重要的是该平台可以作为公司后期打造基于数字孪生、元宇宙等生态应用产品的底层基础，如智慧城市、智慧园区等，同时也是当前数智运维转型中进行数字基站、数字网络等智能化平台构建的底层技术载体。

该平台目前已经上线试用，无线网络支撑中心、信息技术部已经将其引入现有核心生产应用工具，如无线运维工作台、数据锦囊和全息作战平台等；同时多个分公司已经申请试点使用，预计年底能够推广全省进行全面生产应用。同时该项目由于技术先进，目前发表论文 1 篇，申请软件著作权 2 件。

该平台为首批自主研发项目之一，属于完全自主开发产品。其核心是依托开源的 GIS（地理信息系统）引擎 Cesium，并结合数字高程技术和融入公网开源的地形地貌数据，最终形成可以提供省内地形地貌和楼宇的三维准实景展示的 3D 全景地图平台。平台技术的自主性主要体现如下。

1）对标先进的三维可视化技术，自主研发 3D 全景地图平台的功能架构

3D 全景地图平台主要架构包括数据层、服务层和应用层。其中，数据层采用 PostGIS 空间数据库和文件模型管理多源三维数据；服务层 Web 服务器采用互联网信息服务（Internet Information Service，IIS），其优势在于简洁易用、安全可靠。应用层采用开源 Cesium 框架，实现对各类模型数据的加载、渲染并实现基本的空间分析功能。

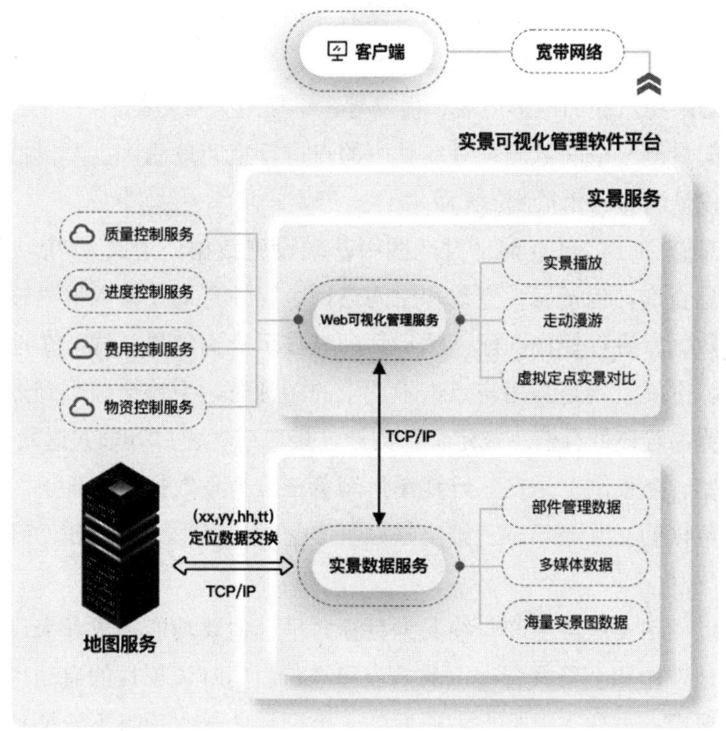

2）依托开源地图引擎 Censium，自主开发自有 3D 全景地图引擎

作为新一代的开源引擎框架，我们基于 Cesium 底层接口，通过 HTML5 网页标准和 WebGL 技术规范实现动态的三维场景显示和渲染，这样可以无须安装插件即可创建具有最佳性能、精度、视觉质量和易用性的世界级三维地球影像和地图，并具有丰富的开源社区内容。同时我们引入 Cesium 支持多种视图，能以二维或三维进行展示的能力和支持加载 3D Tiles 和 glTF 格式数据，海量倾斜、点云模型数据以及符合 OGC 标准的 WMS（网络地图服务）、WMTS（Web 地图瓦片服务）等地图服务的能力，融合到我们的全景平台之中。最终我们基于 Cesium 开发丰富的接口，使得最终业务只需调用接口即可满足三维模型业务需求。整个平台系统利用底层 Cesium

和上层 WebGL 图形渲染器进行可视化交互开发。程序运行时，客户端发出请求命令，从服务器提取瓦片数据，服务器响应接收并传回客户端，客户端解析文件并调用图形绘制方法将其渲染在网页上，实现三维可视化交互。

我们依托 Cesium 的核心功能和代码，进行适应性修改和二次开发，最终形成能够驱动我们自有地图数据和适应我们功能需求的 3D 地图引擎。

3）面向生产服务，自主开发平台基础功能

面向生产需求，我们自主开发了多个基础平台功能，主要关键核心功能如下。

（1）图层管理。图层管理是系统数据的展示窗口，可进行加载、关闭、更改透明度等操作，加载后的数据能在三维地图上进行叠加显示。图层管理功能以二维平面地图为基础底图，叠加地形地貌、楼宇等三维模型矢量数据。

（2）空间量测。空间量测是对场景中的点进行空间量测，主要包括空间距离量测、空间面积量测和三角量测。

（3）信息查询。信息查询是对地图中基础设施数据、道路、POI（信息点）等内容进行信息查询，包括属性查询和空间查询。属性查询在输入框内输入要查询的信息，并与数据库进行模糊匹配，然后用列表显示查询结果，同时在地图上以图标展示其位置。空间查询是当用户点击地图上的图标时，系统会监听到点击事件，再获取点击位置，若该处有信息被定义，则通过接口或者窗口等形式返回详细信息。

全景浏览。全景浏览是在三维视图里浏览三维全景数据，实现了二维平面数据与三维立体数据的交互显示。三维全景以三维空间信息形式存储在二维矢量数据平面之上。

平台是以“切实服务生产一线”为目标，平台主要功能需求都来自一线生产中对数据进行地理化和全景式管理中的痛点和难点。同时该项目的启动也是经过全省一线员工投票后，被选入首批自主研发的 4 个项目之一。项目不论是功能需求来源还是项目启动过程，都一直是一线关注的重点，相关功能也一直是一线急需的 IT 支撑手段。

平台针对二维平面地图在数据展示中存在的痛点和难点，通过自主研发的 3D 全景地图平台，首次实现了各类生产数据立体化、全景式和地理化准实景呈现功能，以及三维全时空数据展示能力，在网络、市场等领域有广泛的生产应用价值。

（1）基站在规划建设中的应用。平台通过三维技术，可以进行各类地形和楼宇的准实景展示。基于三维实景，可以进行基站的远程预规划、规划设计等。

（2）室内设备分层立体展示。平台建立了楼宇室内空间模型，可以提供室内网络设备按楼宇、楼层进行分层布放、展示和管理功能，可以有效解决当前网络设备只能按照经纬度在平面地图进行堆叠呈现的难题，进行室内设备位置的精准布放和展示。

（3）立体化网络性能分析。平台通过立体化分层结构，可以实现网络性能的立体化呈现和管理。例如可以克服二维平面地图无法立体分层进行网络覆盖的精细化呈现，同时也可以对网络设备的覆盖优化进行更加精细化管理。

（4）智慧城市的新型信息化领域。可以作为公司后期打造基于数字孪生、元宇宙等生态应用产品的底层基础，如智慧城市、智慧园区等，同时也是当前数智运维转型中进行数字基站、数字网络等智能化平台构建的底层技术载体。

成果效益性描述如下：

1）效率效益

3D 全景地图平台首次以准实景的形式实现了各类生产数据立体化、全景式和地理化准实景呈现功能，以及三维全时空数据展示能力。在效率上实现了如下提升：

（1）数据管理准确性提升。首次实现了数据的立体化展示能力。即平台提供室内网络设备按楼宇、楼层进行分层布放、展示和管理功能，可以有效解决当前网络设备只能按照经纬度在平面地图进行堆叠呈现的难题，从根本上解决现有网络设备无法进行立体呈现和管理的难题，大大提升设备日常管理和维护的精准性和及时性。提升相关管理工作效率至少 20% ～ 30%。

（2）数据管理精细度提升。平台提供与真实环境更为接近的三维立体数据展示能力，可以将真实环境数据进行直接的映射展示，进一步提升网络、市场、客户等数据的精细化管理能力（例如，在现有二维地图上数据的最小呈现粒度一般到居民小区和楼栋，而该平台可以将数据进一步细化管理到楼层、到每户）。可以支撑一线实现客户、网络设备等资源到户的精细化管理能力，进一步提升资源优化配置能力和相关管理工作效率 10% ～ 20%。

2）经济效益

通过本成果技术的应用，可以通过实景和立体化数据的展示能力，带来直接和间接的降本增效。

（1）减少远程查勘费用的投入。依托平台的三维技术进行的各类地形和楼宇的准实景展示，可以有效辅助进行基站、传输等网络设施的远程规划设计和方案输出，减少现场查勘的频次，提升现场查勘质量等，预计全年可减少网络规划人员投入至少 50 ～ 60 人，同时提升相关工作效率至少 20%。

（2）室内设备的精细化管理能力。该项工作可以至少减少日常设备维护人员

60 ～ 100 人 / 年，同时提升日常管理效率至少 30%，以及室内设备数据准确性至少 50%。

此外，平台技术本身具备多项技术创新，其技术先进性体现在以下几个方向。

1）基于八叉树空间剖分算法解决 Cesium 引擎的卡顿问题

开源的 Cesium 引擎中使用的数据遵从 3D Tiles 规范，保证加载进场景中的地形、影像和模型等要素预先已被加工为具备细节层次（level of detail，LoD）的瓦片数据，可以根据观测点距离对象的远近或对象的重要程度来决定需要加载的数据的复杂度，优化数据在 Web 端的传输以及在场景中的显示。然而，在面对海量模型数据时，即使将模型加工为 3D Tiles 格式，由于处理后的模型数据量仍然庞大，Cesium 在加载这些模型的过程中仍会出现卡顿、崩溃问题。

为了解决这一问题，我们采用基于八叉树空间剖分算法来解决这一问题。具体实现过程如下：在数据准备过程中为有模型分布的空间内的每一点建立模型潜在可视集，从而在用户视点位置到达某点时，只需要将当前点的模型潜在可视集加载进场景。但空间中存在无数个点，若建立每一点处的潜在可视集，计算量大且不易实现。考虑到空间中一定相邻范围内所能看到的模型对象往往是相同的，为简化问题，可以用一个个立方体体元来充满整个空间，在每个体元内建立一个潜在可视集，当用户视点位置进入某个体元时，加载当前体元的模型潜在可视集。空间中众多的体元会导致查找用户视点位置位于哪个体元时出现困难，而空间剖分又是快速查找空间数据的有效方法，因此在优化流程中引入八叉树空间剖分来解决这一问题。

我们之所以会采用八叉树空间剖分算法，是因为其结构简单、便于分析和处理，我们通过将一个立方体空间进行八等分，建立起剖分前的一个立方体与剖分后的 8 个立方体之间的“父子”关系，再对剖分后的 8 个立方体分别执行上述操作，直至满足一定条件后终止剖分。八叉树空间剖分最终会得到一个组织为树状结构的体元集合，这个树状结构中每个节点的子节点只可能为 0 个或者 8 个。通过这一过程，我们可以大大提升 Cesium 引擎加载海量三维模型时的效率，规避卡顿和崩溃的问题。

2）双线程数据调度策略解决底层数据调度效率问题

三维场景实时绘制过程中，执行具体绘制操作的同时还需要根据视点位置等信息对参与绘制的数据进行调度。数据调度的效率在大范围的三维场景实时漫游过程中至关重要，但是目前三维场景数据调度策略面临数据读取时间过长、跳帧现象以及内存数据量无法动态平衡等三个主要问题。因此我们从三维场景绘制过程中的稳定性和流畅性出发，提出绘制线程与调度线程并行的双线程数据调度策略。双线程数据调度策略即包括以绘制线程为主线程、调度线程为副线程的两种并行调度模式。

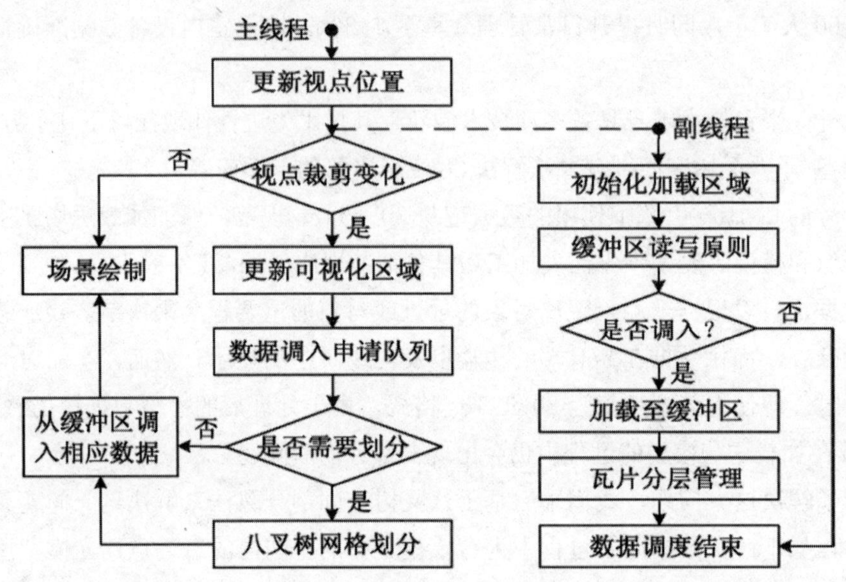

3）二级缓存渲染机制解决三维模型渲染效率问题

三维场景漫游过程中仅有数据调度策略还不够，受内存大小的限制，即便将常用的数据筛选出来，在长时间漫游过程中仍然会产生大量冗余数据。实时渲染过程中的数据需要预先从外存调入内存，然后再从内存中传入到GPU（图形处理器）渲染管线，庞大的数据量不仅需要巨大的外存空间用于内外存之间的频繁调度，还需要较高的内存用于网络环境下的绘制渲染，在这一过程中任何一个阶段出现问题都会导致渲染效率低下。

为了减轻服务器的负担和提高显示速度，通过在内存中设定一定大小的缓冲区建立二级缓存机制，将相关的数据暂存入缓冲区，能在一定程度上缓解实时渲染过程中输入和输出设备的压力，同时能够提高实时渲染效率。二级缓存机制与上一节双线程数据调度策略对照呼应，其目的是缓解实时渲染过程中数据I/O频繁的问题。其中第一级缓存的理论依据是操作系统局部性原理，即CPU在读取存储器数据时，被访问的数据单元都需要趋于集中在一个连续的较小区域内，随着视点位置的变化，在连续的几帧中，视域内的瓦片块重复出现的概率较高。因此将这一类瓦片数据放在第一级缓存内可以有效地存储在邻近帧率中重复使用的瓦片中，减少了重复调度的渲染时间。第二级缓存设计是通过GPU对相关数据的顶点、法线、图元和索引等要素进行编译与加载处理，将经过编译的瓦片数据存放于能够被GPU渲染队列快速调度的瓦片缓冲区中，从而减少因为视点的拉伸缩放而需GPU重复编译与加载的时间。

5 无线网络数智化运维的未来展望与发展方向

5.1 无线网络数智化运维的发展趋势

无线网络数智化运维的发展趋势涵盖了多个方面，包括自动化与智能化、数据驱动与分析、虚拟化与云化、自适应与优化、安全与隐私保护、5G 和物联网的融合等。

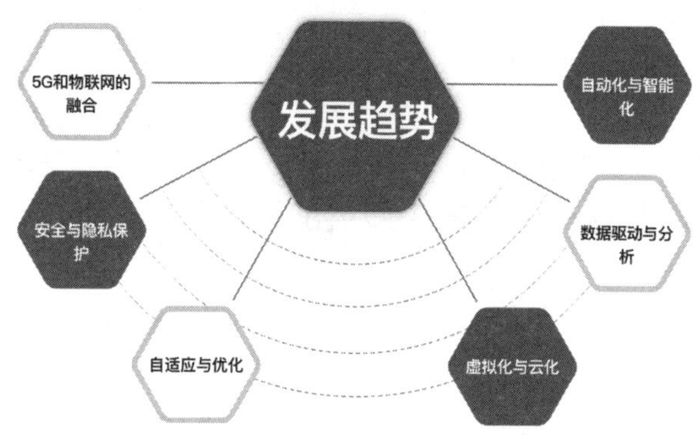

（1）自动化与智能化：未来无线网络数智化运维将更加自动化和智能化。通过引入人工智能、机器学习和自动化技术，网络运维可以实现自主决策、自动优化和故障自愈。智能算法和模型可以分析大量数据，并提供实时预测和优化建议，提高运维效率和网络性能。

（2）数据驱动与分析：大数据和数据分析将成为无线网络数智化运维的重要支撑。通过收集、存储和分析网络设备、用户行为、性能指标等多源数据，可以提取有价值的信息，并基于数据驱动的决策进行网络优化和故障处理。数据分析技术能帮助网络运营商了解用户需求和行为模式，为用户提供个性化的网络服务。

（3）虚拟化与云化：虚拟化和云计算技术在无线网络数智化运维中发挥着重要作用。通过网络功能虚拟化（NFV）和软件定义网络（SDN）等技术，网络设备和功能可以以虚拟化的方式部署和管理，实现资源的弹性调配和灵活性。云化架构也使得网络运维可以以更灵活、可扩展的方式进行，提高资源利用率和运维效率。

（4）自适应与优化：无线网络数智化运维将越来越注重自适应性和优化性能。通过实时监测和预测分析，网络运维可以根据网络负载、用户需求和环境条件，动态调整网络资源分配和配置，以实现网络的自适应优化。智能化决策和调度技术将根据不同的指标和目标进行综合优化，提供更好的网络性能和用户体验。

（5）安全与隐私保护：随着网络的智能化和互联性增加，网络安全和隐私保护变得更加重要。无线网络数智化运维需要考虑网络安全的风险，并采取相应的安全措施，防止网络攻击和数据泄露。隐私保护也是一项关键任务，网络运维需要确保用户数据的安全性和合规性。

（6）5G 和物联网的融合：无线网络数智化运维与 5G 和物联网的融合将进一步推动其发展。5G 网络提供了更高的带宽、更低的延迟和更多连接的能力，为无线网络数智化运维提供了更好的基础。物联网的普及将带来大量的连接设备和数据，无线网络数智化运维需要适应物联网场景的需求和挑战。

总体而言，无线网络数智化运维的发展趋势是向更自动化、智能化、数据驱动和优化性能的方向发展。通过技术创新和实践应用，无线网络的运维将更高效、可靠，并提供更好的用户体验和服务。

5.2 无线网络数智化运维未来发展的挑战

无线网络数智化运维在未来的发展中可能面临以下挑战。

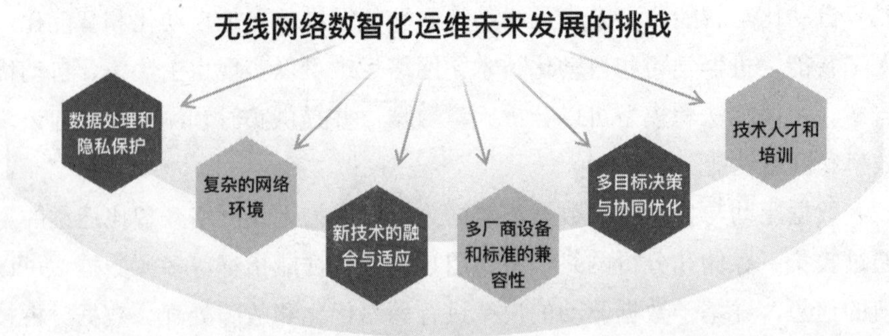

无线网络数智化运维未来发展的挑战

数据处理和隐私保护

复杂的网络环境

新技术的融合与适应

多厂商设备和标准的兼容性

多目标决策与协同优化

技术人才和培训

（1）数据处理和隐私保护：随着数据量的增加和多样性的增加，处理和分析大规模的网络数据将是一个挑战。同时，确保用户数据的隐私和安全也是一个重要的问题，需要采取合适的数据保护措施。

（2）复杂的网络环境：无线网络运营商需要在复杂多变的网络环境中进行运维

决策，如城市中的高密度部署、多频段和多技术共存等。这将需要开发适应不同网络环境的智能算法和模型，以实现高效的网络优化和故障处理。

（3）新技术的融合与适应：随着 5G、物联网、边缘计算等新技术的快速发展和应用，无线网络数智化运维需要适应这些新技术的特点和挑战。这可能涉及对现有算法和模型的改进，以支持新技术的应用场景和需求。

（4）多厂商设备和标准的兼容性：无线网络通常由多个厂商的设备组成，而这些设备可能遵循不同的标准和协议。确保不同厂商设备之间的兼容性和互操作性将是一个挑战，需要统一的标准和协议，并开发适应性强的智能算法和决策模型。

（5）多目标决策与协同优化：无线网络数智化运维需要在多个目标之间进行权衡和决策，如网络容量、用户体验和能源效率等。同时，不同网络设备和功能之间的协同优化也是一个挑战，需要开发跨层次、跨设备的智能算法和调度策略。

（6）技术人才和培训：无线网络数智化运维需要具备深入了解网络技术、数据分析和机器学习等领域的技术人才。培养和吸引具有相关技能和知识的人才将是一个挑战，需要加强相关领域的教育培训和人才储备。

综上所述，虽然无线网络数智化运维面临一些挑战，但通过技术创新、标准化和合作，这些挑战可以得到有效解决，推动无线网络数智化运维向更高效、更可靠和智能化的方向发展。

5.3 无线网络数智化运维的新技术发展方向

无线网络数智化运维在新技术方向上有以下发展趋势：

无线网络数智化运维的新技术发展方向

（1）人工智能和机器学习：人工智能和机器学习技术在无线网络数智化运维中扮演着重要角色。未来的发展方向将集中在更强大和更智能的机器学习算法上，能够处理更复杂的网络数据和决策问题。深度学习、强化学习和迁移学习等技术将被应用于网络数据分析、预测模型建立和智能决策优化。

（2）自动化和自愈网络：自动化是无线网络数智化运维的关键方向之一。未来的发展将注重实现更高程度的自动化，包括自动故障诊断、自动优化和自动配置等。此外，自愈网络的概念也会得到进一步发展，网络设备和系统能够自动检测和修复故障，提供更高的网络可靠性和稳定性。

（3）软件定义网络（SDN）和网络功能虚拟化（NFV）：SDN 和 NFV 技术的发展将进一步推动无线网络数智化运维的进程。SDN 使得网络的控制与数据转发分离，使网络管理更加灵活和可编程，为智能化决策提供了更好的基础。NFV 则将网络功能虚拟化，使网络功能可以在通用的服务器上运行，实现资源的灵活分配和调度。

（4）边缘计算和协同优化：边缘计算的兴起将为无线网络数智化运维提供新的机遇。边缘计算可以在网络边缘部署计算资源和智能决策模型，实现更低时延的网络优化和决策。此外，协同优化也是一个重要的发展方向，通过不同网络设备和功能之间的协同工作，实现网络资源的整体优化。

（5）5G 和物联网的融合：5G 和物联网的快速发展将对无线网络数智化运维产生重要影响。5G 网络的高速率、低时延和大连接数的特性，以及物联网中大规模设备的连接，将带来更复杂的网络管理和决策问题。因此，未来的发展方向将重点关注在 5G 和物联网环境下的智能化决策和优化算法。

总体而言，无线网络数智化运维的新技术发展方向将集中在人工智能和机器学习、自动化和自愈网络、软件定义网络和网络功能虚拟化、边缘计算和协同优化，以及 5G 和物联网的融合等领域。这些新技术的应用将进一步提高无线网络的效率、可靠性和智能化水平。